图书在版编目（CIP）数据

城市更新 / 赵文涛主编. -- 天津 : 天津大学出版社,
2023.3
（新微设计“大美系列”设计丛书）
ISBN 978-7-5618-7400-4

Ⅰ. ①城… Ⅱ. ①赵… Ⅲ. ①城市规划 Ⅳ. ① TU984

中国国家版本馆 CIP 数据核字（2023）第 007275 号

出版发行　天津大学出版社
地　　址　天津市卫津路 92 号天津大学内（邮编：300072）
电　　话　发行部 022-27403647
网　　址　www.tjupress.com.cn
印　　刷　上海新开宝商务印刷有限公司
经　　销　全国各地新华书店
开　　本　787mm×1092mm　1/16
印　　张　18
字　　数　183 千
版　　次　2023 年 3 月第 1 版
印　　次　2023 年 3 月第 1 次
定　　价　288.00 元

创造更美好的人居环境

Create a Better Environment

编委会

主　任

赵文涛

参编人员

胡秋娟

张盼盼

CONTENTS

目录

[城市更新]

老旧社区 | 历史街区 | 城市公园

CONTENTS

目录

[城市更新]

旧工业区 | 城中村 | 旧商业区及其他

重庆万州吉祥街城市更新

项目名称：重庆万州吉祥街城市更新
项目地址：重庆市
景观面积：2 400 ㎡
设计公司：重庆纬图景观设计有限公司
摄　　影：三棱镜

这是一个由万州老城区政府主导的项目。万州作为一个很典型的山地城区，里面存在着很多街巷窄、地势高、生活界面破败杂乱的老街巷。这些老街巷空间正在失去它们原本的生活氛围，变得死寂沉闷，居民也在逐渐流失。政府迫切地希望找到一个街巷更新的切入口，为打开万州城区旧改更新的局面提供一个有效的示范。

本次的场地改造正是一个很好的契机。该场地处在城市新与旧空间的交界面上，前靠新商业区，背靠着一片老旧街巷居民区。对于整个老城区来说，它是一个很小的点，但这个“点式”街巷微空间联系着上下半城，联系着现代街区与老旧生活区，联系着母城的过往与现在，设计师希望尊重现有巷道肌理与风貌，实现传统与新兴业态融合共生；通过“点式”街巷的改造，促进城市的有机微更新，产生网络化触发效应，促使社会资源共同参与、主动改造。

设计师用时尚的元素，在老旧的街区上搭建起与年轻人互动的桥梁，同时保留场地的时间属性，让新与旧、时尚与复古在这里碰撞、交织，让每一位外来者与原始居民在这里都有归属感，营造更好的生活氛围。

场地背景

吉祥街是从万州港至万达广场进入万州母城的一个通道空间，向前连接着繁华热闹的万达金街，背后是一片老旧的半山居住区，狭窄的巷道还连接着具有母城历史记忆的行署大院。而项目的中心场地是一个附属于老旧社区的边缘背景生活空间，被围合成一个三角形区域，两端通过窄长的甬道与外面的万达广场连接。

[改造前状态]

中心场地老旧破败，景观风貌差，引入段甬道堆满车辆，环境脏乱。街道的视觉主立面为万达商业建筑的背立面，挂满了空调室外机，管线杂乱，场地存在着高差复杂、居住界面混乱等一系列问题。本设计旨在将破旧消极的老城街巷改造成一个连接新生活与旧文化且充满记忆的空间，希望在此复苏万州市井的烟火生活。

[业态分析]　[总平面图]

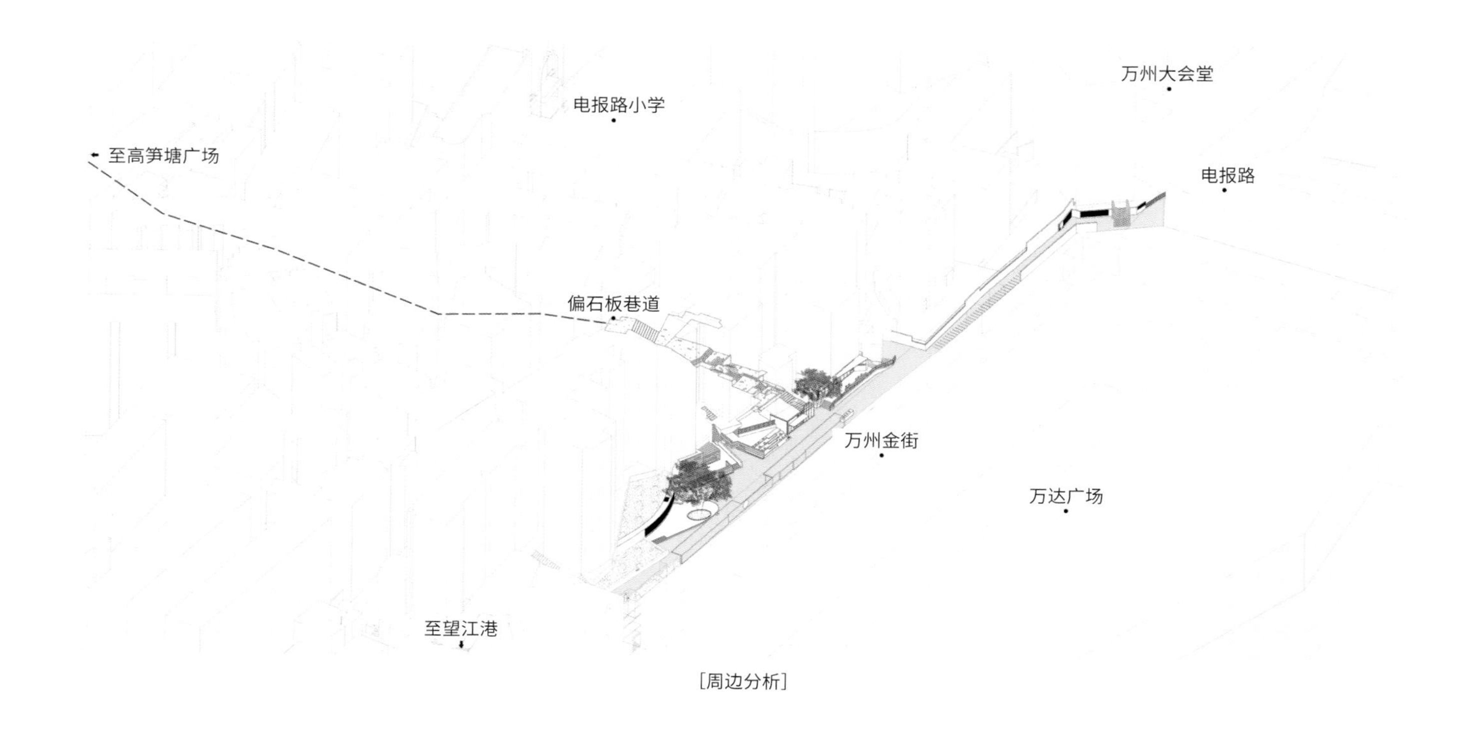

［周边分析］

设计策略

设计师希望该场地既要服务周边居民，又不只服务周边居民。如何使更新既满足周边居民对场地的生活需求，还让空间得到提升？同时，如何让年轻的群体愿意走进这个原本消极的空间里？这是设计师所面临的具体挑战。

在“猛追湾”项目中，设计师进行了多维度的文化叠加，不仅满足了本地市民的生活需求，而且适当地引入了网红业态，吸引时尚年轻的消费群体。这个项目的成功让设计师认识到，城市更新首先要立足于场地本身，服务于本地市民，其次可合理适当地进行商业运营，引进更多年轻群体和鲜活的力量，这样才能从根本上活化老街。

具体设计

1. 整合升级社区生活空间

本设计基于现状出发，保留了大量老的事物，保留场地原有的结构和树木，并对其进行重新包装；围绕现有的黄葛树打造月光剧场、城市书屋和览书一隅等空间，对原本杂乱的、消极的空间进行新的诠释，使其不仅满足原有居民的生活需求、丰富本地市民生活，还有了更多的场地功能，如以吧台和坐凳的形式呈现室外书吧这样的小空间及外摆空间，提高空间的利用率，为人们提供停留、交谈、活动的休闲平台。设计师通过设计手法对场地进行升级的同时，也让整个空间更富有层次，变成一个积极、包容、多元化的空间，在延续原有居民生活方式的同时，满足更多年轻人的审美喜好，吸引年轻人进入此空间。

设计师对原有的、不能动的防滑桩，采用包裹铝板的手法，覆盖杂乱的管线，打造成穿孔板形式的剧场文化墙；将咖啡店与外部的阶梯区域整体打造成览书一隅的休闲生活空间；用水磨石打造的大阶梯解决了原有的场地高差问题，局部点缀黄色钢板图形，打造丰富的阶梯式坐凳空间。

01/ 月光剧场

02/06/ 场地原始古树被保留

03/04/ 剧场文化墙

05/ 保留有大树的民居建筑的立面肌理

2. 更新和复苏活力业态

旧城改造的成功与否和招商运营有很大的关系。改造可以解决一些问题，但合理的商业运营才能真正地使改造后的空间不再是死寂的空间，才会让整体的空间体系变得活灵活现，让更多的人参与进来。有别于常见的老街商业形式，本设计以点状存在的商业业态代替片状的底商模式，对场地进行整体梳理，对部分临街建筑进行改造与重建，打造网红咖啡店，引入更多年轻群体，推动地摊经济等，为街区注入鲜活的力量。

本设计结合场地打造灵活的市集，预留足量空间，以满足特定时节的市集、营销展示等活动需求，带动老街的地摊儿经济，植入新的时尚业态，吸引更多的年轻人，为街巷注入具有互动性和时尚性的体验模式。

01/02/ 阶梯式休闲生活空间

03/ 联系着上下半城的街巷空间

04/ 览书一隅

05/ 水磨石阶梯区域

06/07/ 聊天休息的居民在场地中延续着他们的生活方式

3. 多维度文化记忆的叠加

除了延续本地居民的生活文化，本设计把场地本身承载记忆的构件也完整地保留下来；在场地中植入城市记忆，通过景观设计手法，将万州港过去所承载的文化演变成景观墙体、景观装置等，使其成为连接生活和文化的记忆纽带，让居民和游客走进这个空间时可以和场地产生共鸣。

入口空间处用格网设计了拱门，以此作为进入老街的起点。这个梭影之门作为上下半城的联系入口，由 30 万根钢丝组成，选用纯洁、超脱凡尘的白色，以包容的姿态、轻盈的形式凝集了居民与游客，也在夜晚点亮万巷的深处。

在空间狭长局促的引入段，本设计对原有杂乱的停车空间做了位移和调整。针对甬道空间，设计师运用全新的半包裹方式和侧立面植入文化的手法，使其形成一个全新的“U”形半包裹空间。围墙四周，青灰、橘黄与米白的色彩碰撞，让整个巷子极具现代感。

01/ 夜间的透光文化景墙

02/ 梭影之门由 30 万根钢丝组成

03/ 入口空间

04/ 甬道两侧景墙的城市剪影

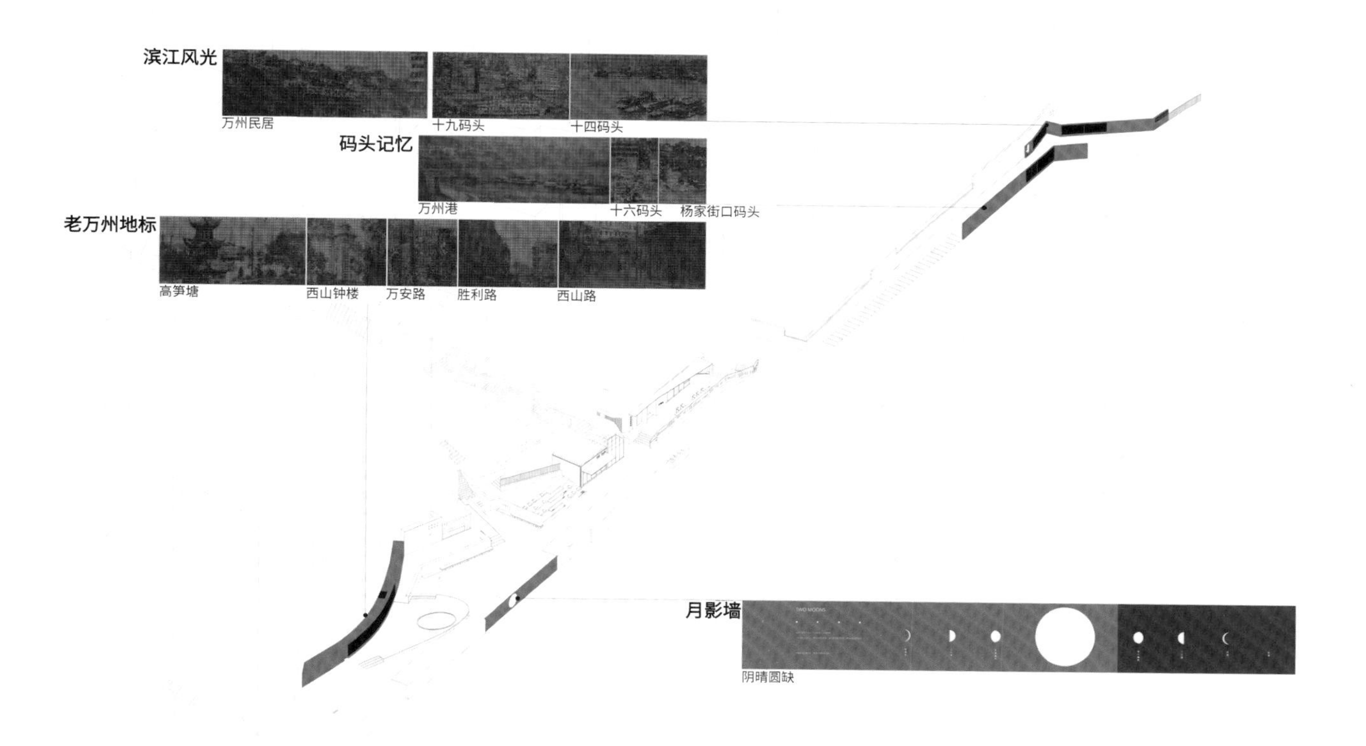

[文化景墙分析]

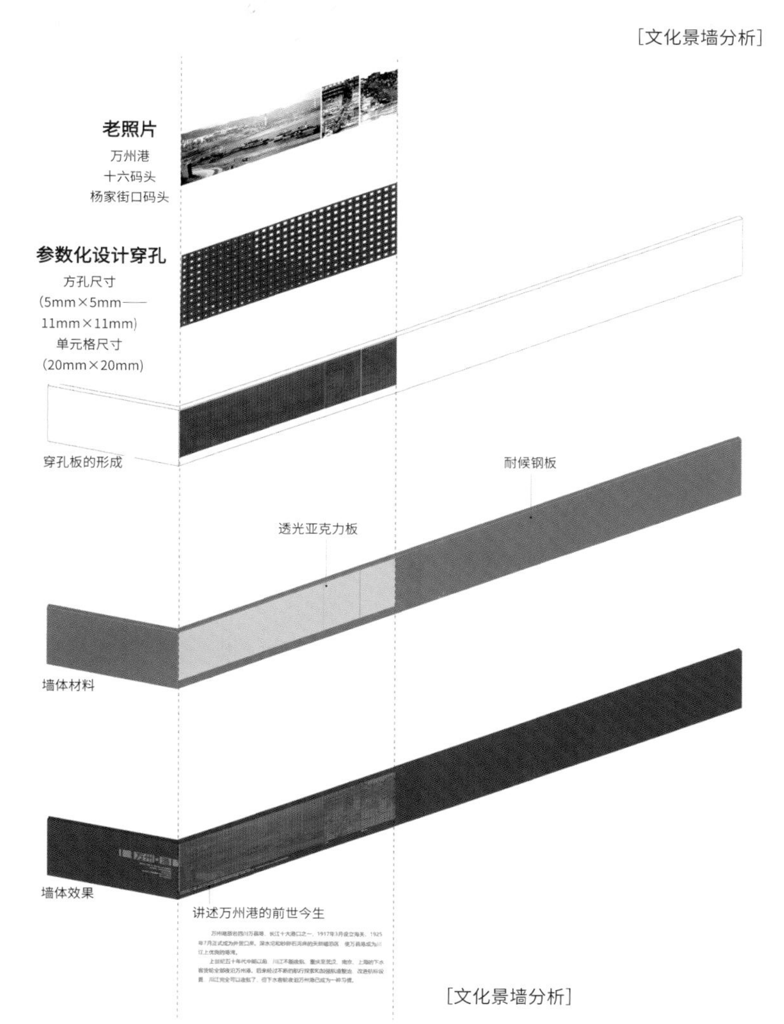

[文化景墙分析]

文化景墙的设计叠加多重文化记忆，运用参数化的形式与镂空钢板景墙共同增加了此地的文化底蕴。此处体现的老城风貌——以前的万州港、西山钟楼的繁荣景象唤起人们对过去万州的记忆。

甬道原本很消极，夜晚也没有路灯，设计师结合文化景墙做了整体透光的设计，使其成为一个温暖的甬道空间。

01

02

03

月影墙的设计灵感来源于万州本地人对以前江面月影的记忆。设计师将月亮倒影作为一个连接纽带，在景墙上做出上弦月、下弦月等不同形态，这不仅能起到科普的作用，还能唤起本地居民对过去的记忆，让它们产生回忆和遐想，吸引更多人在这里打卡。

01/ 月影墙

02/ 月亮阴晴圆缺的变化

03/ 居民和月影墙的互动

04/ 被切掉一角的咖啡吧

05/ 街巷空间

06/ 巷道结合灯光，给保留的原街巷肌理与古树增添一丝静谧

07/ 对部分临街居民建筑底商进行了更新

04

05

07

4. 以景观为主导的巷道界面更新

本设计首先从空间和界面上改变环境脏乱差的视觉形象；基于成本的考虑，拆除临街老旧危房，以同面积在同位置对其进行复建，建成小体量的商业建筑。

这个有趣的小体量建筑一侧与大树的枝丫交错，为避免建筑对原有大树的破坏，设计师与上海大椽设计公司共同完成建筑的设计构思，将原本四方的建筑切除一角，将大树和建筑的关系保留下来，从而形成现在的咖啡吧。

设计师对部分临街的居民建筑底商进行饰面代建更新，改造原有建筑的一层立面，植入文创休闲业态，延伸外摆空间，塑造场地调性。对万达商业建筑的背街立面，本设计保留了大部分原有墙体，采用本地地砖以体现时间的流逝、与地方的联系及生活的真实性，同时引入玻璃与钢材料，形成传统设计语言与现代工艺的对比，使其更具时代冲击感，同时体现文脉的延续性。

中心场地一侧建筑的青砖立面文化历史气息浓厚，本设计保留并修缮了原有青砖墙面，在空调外挂机机位处设计外包穿孔板，形成有韵律的立面。穿行于曲折的巷道空间，人们可以品味人间烟火，感受邻里之家。

深圳梅丰社区公园

项目名称：深圳梅丰社区公园
项目地址：广东省深圳市
景观面积：4 674.35 ㎡
设计公司：深圳市自组空间设计有限公司
摄　　影：深圳市自组空间设计有限公司

梅林片区地处深圳福田区的北面（俗称“背面”），该片区主要以城中村、老旧住宅和工业区为主，其功能混杂，城市建筑老化，空间品质不高，形成了大量的“城市盲区”。

梅丰社区公园位于福田区中康路和北环路交会处，占地面积 4 674.35 ㎡，地块原本与旁边小区属同一地块，因业主与开发商的纠纷，该地块于 2000 年被分宗处理。开发商承诺给业主的公共配套没有实现，业主们因此对该地块的建设非常敏感，曾多次抵制该地块的开发。地块就这样闲置了近 20 年。

2019 年 3 月，梅林街道委托深圳市城市设计促进中心发起 “小美赛城市微设计·梅林行动”竞赛，竞赛以工作坊形式实现了“街道机构 + 社区规划服务机构 + 专业设计师 + 居民 + 第三方专业顾问”的五方组合团队，深圳市自组空间设计有限公司获得本次竞赛一等奖，并作为设计方全程参与公园的设计与施工跟进。本次竞赛一等奖，并作为设计方全程参与公园的设计与施工。

01/ 裂缝花园里休憩的老人

[改造前状态]

场地概况

场地原为钢筋水泥地面，四面被围墙围合，与周边地块存在一定高差。内部被人占用为临时停车场。由于长期空置加上缺乏管理，部分区域已成为堆放垃圾的场所，场地四周杂草丛生、环境恶劣，与一墙之外的邻里社区及城市道路形成鲜明的对比。在高密度的梅林片区，这样一个废弃地块与周围环境显得格格不入。

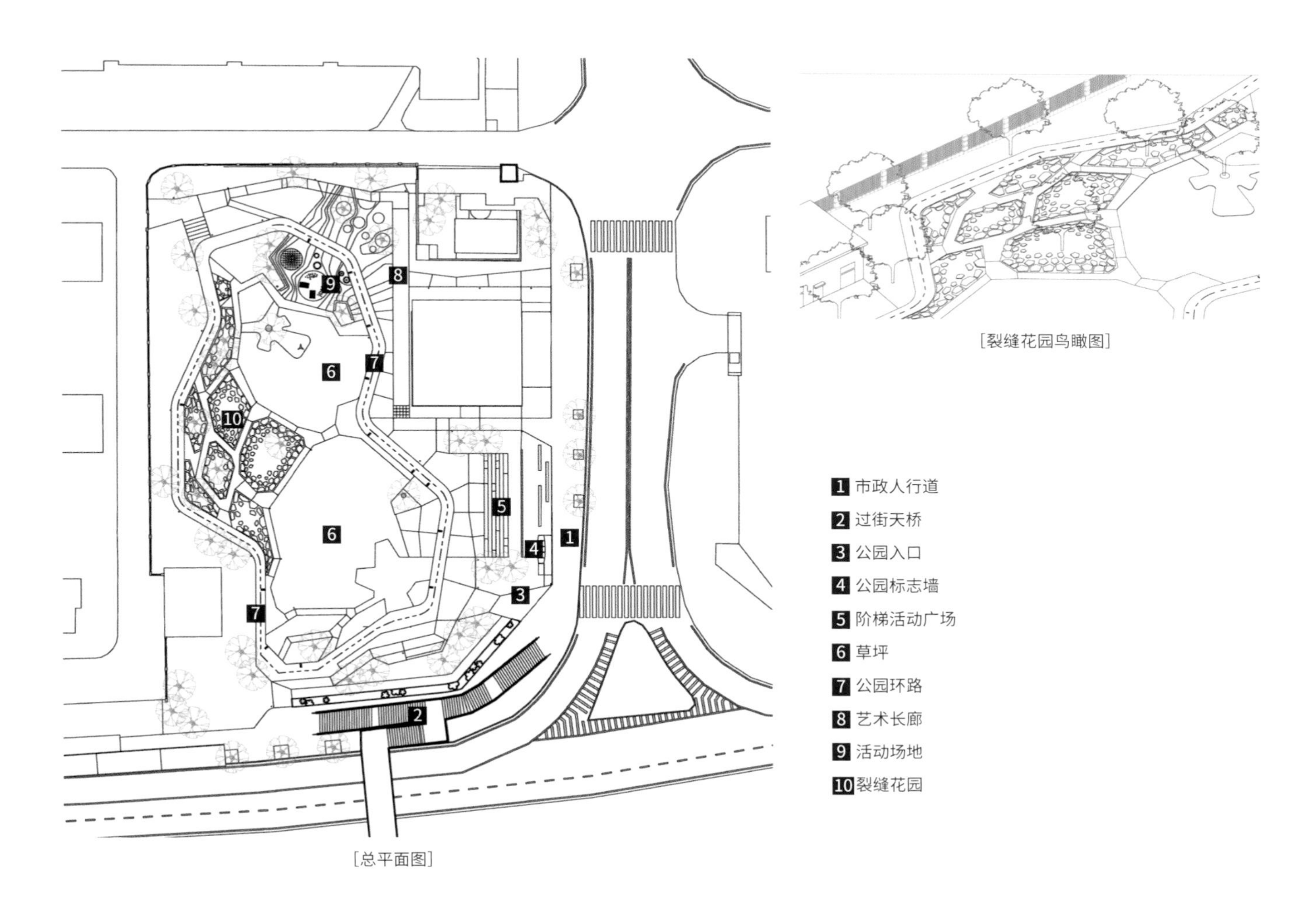

[裂缝花园鸟瞰图]

[总平面图]

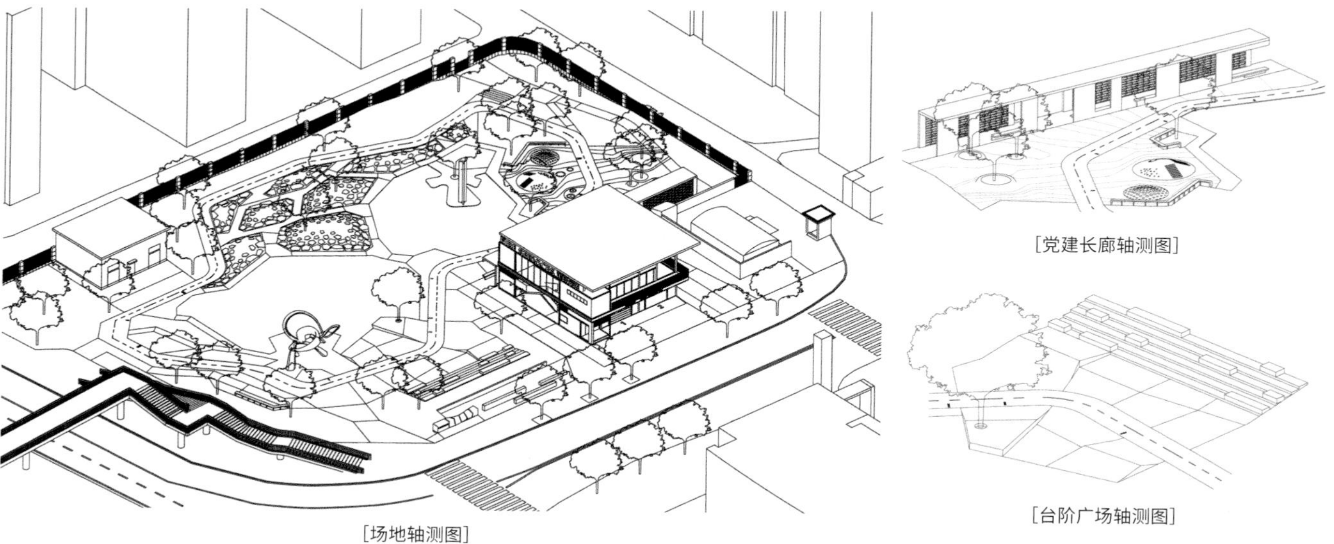

[党建长廊轴测图]

[台阶广场轴测图]

[场地轴测图]

设计策略

公园的设计以“开放、生态、多元”为原则，对场地及周边环境进行系统梳理，拆除围墙，打开公园的边界，实现公园到城市街道和小区的可达性；砸掉原状钢筋水泥地面，让土地重新呼吸，建立生态的景观基底；完善公园路网及基础服务设施，考虑周边使用人群，设置儿童游戏场地、阶梯广场、文化展示长廊及慢跑道等多元的休闲娱乐场所，将场地变为安全舒适的社区公园，使原本封闭的荒废地块转变为活化周边社区的城市公园。

[裂缝花园生成过程]

重新呼吸的土地

原先的硬质地面没有办法实现生物多样性，所以建设的第一步就是砸掉水泥地面，建立新的生态系统，利用碎裂的混凝土块进行微地形塑造，建设裂缝花园，使旧的混凝土块与缝隙中的植物和谐共生。充满自然野趣的裂缝花园也成为孩子们玩耍、追逐的游乐场。

01/ 公园与城市鸟瞰图

02/ 充满自然野趣的裂缝花园

03/ 旧混凝土块与缝隙里的植物和谐共生

低成本的景观

本项目由于工期短、造价低，所以区别于传统市政公园的大面积石材铺装、大量大规格的苗木种植等做法，采用了低成本、低维护的策略进行设计和建造。被砸碎的旧混凝土块作为景观材料被堆砌成微地形裂缝花园；小的碎块用作填充石笼的材料；更小的碎块则作为海绵城市技术措施中的地下碎石层，以疏导下渗的雨水。在植物设计方面，设计师选用规格较小的本土乔木树种，让其自然生长，底层植物则选用维护成本低的观赏草和野花。

01/02/03/ 裂缝花园成为孩子们玩耍、追逐的游乐场

04/05/ 公园标志装置

06/ 裂缝花园局部图

07/ 旧混凝土块缝隙中的植物

08/ 混凝土碎块石笼

09/ 地下碎石层

01/ 临近城市街道的阶梯活动广场

02/04/05 人与起伏树池的互动

03/ 阶梯活动广场

06/07/ 休闲艺术长廊

08/09/10/ 嵌入休闲艺术长廊的历史旧相片

11/ 公园标志墙装置细节

激活社区公共行为

在改造之前，这里是一个无人问津的荒废地块，川流不息的车流和人流每天从周围经过。改造后，开放的边界引导周边居民和路人进入公园活动，为人们的社交、休息、亲子娱乐、锻炼、玩耍以及不定期举办的各类活动提供了必要场地，而公园的开放与包容让每个参与者都能平等地享受安静和休憩的环境。

简·雅各布斯说过，“多样性是城市的天性”，设计团队希望公园成为高密度社区中的活化器，让这里充满生机与活力，同时激发出各种各样的公共行为和活动。

曹杨百禧公园

项目名称：曹杨百禧公园
项目地址：上海市
基地面积：10 165 ㎡
建筑面积：2 892 ㎡
建筑设计：刘宇扬建筑事务所
景观设计：上海市园林设计研究总院有限公司
摄　　影：朱润资

整体概念与目标

基地长近 1km，宽度介于 10m 至 15m 之间，前身为真如货运铁路支线，后改为曹杨铁路农贸综合市场，2019 年市场关停后这个空间在不到一年的时间被重新规划建设为一个全新的、多层级、复合型步行体验式社区公园绿地。曹杨百禧公园以“3K”通廊为概念将艺术融入曹杨社区生活，从多维度回应 2021 年上海城市空间艺术季。设计通过挖掘场地文脉、建构空间场景，得以重塑街道绿网，形成“长藤结瓜”般的南北贯穿的步行纽带，进一步实现曹杨社区的有机更新。

作为曾经的铁路用地和随后 20 多年的农贸市场，这个特殊的线性空间属于超大城市里的典型剩余空间。当看到场地的一刹那，设计师意识到在熟悉的城市中，仍有出乎意料的、蕴藏着惊喜的边角料空间，而如何再利用这类空间是城市化进程进入存量时代必须思考的。

[改造前状态]

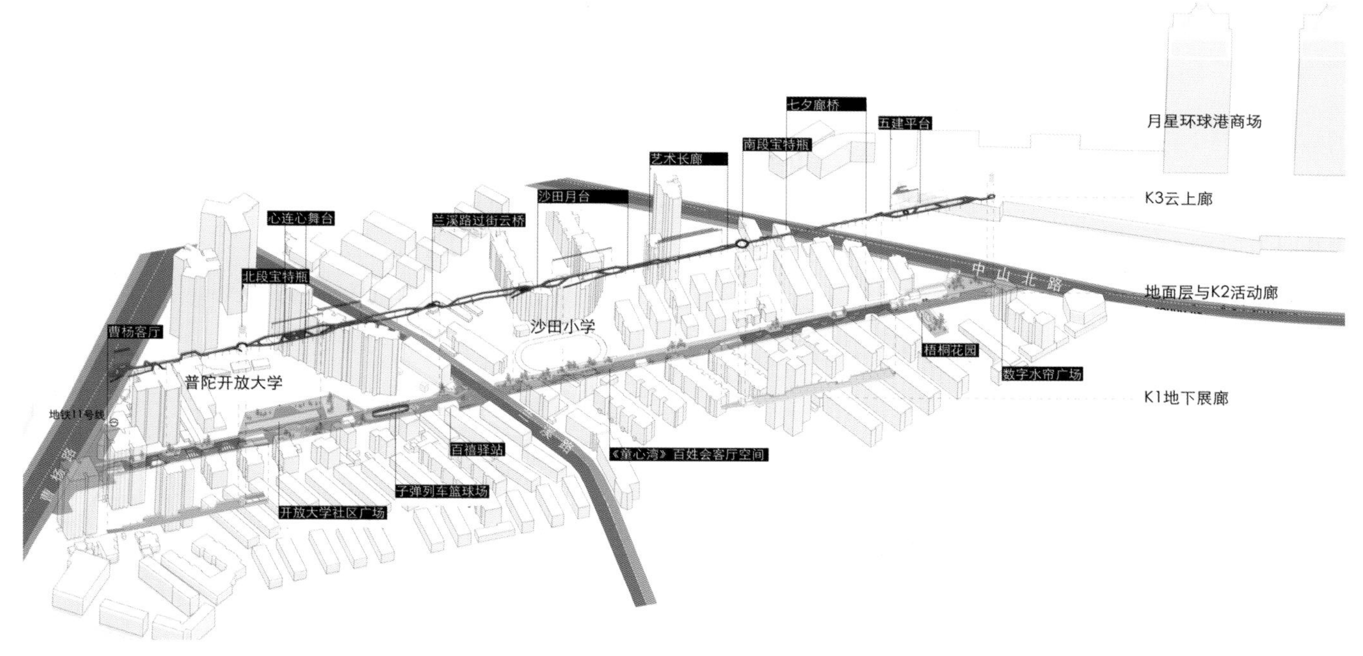

[轴测爆炸图]

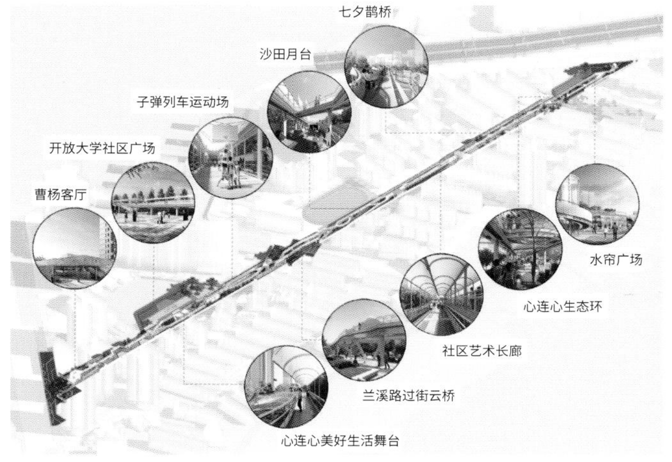

[曹杨十景图]

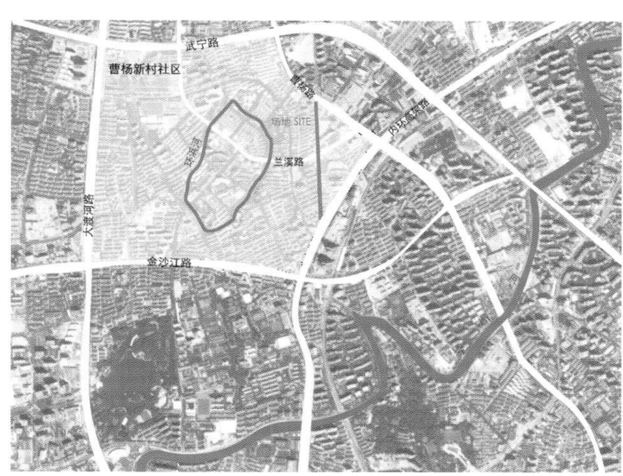

[区位地图]

背景与机缘

作为新中国成立后第一个规划建设的工人新村，基地所处的曹杨新村代表了一个时代的集体记忆和历史进程。市场沿废弃铁路南北贯穿于工人社区，区政府及当地街道办为提升区域生活水平与空间品质，将该地定位为供居民进行日常文化休闲活动的城市公园。

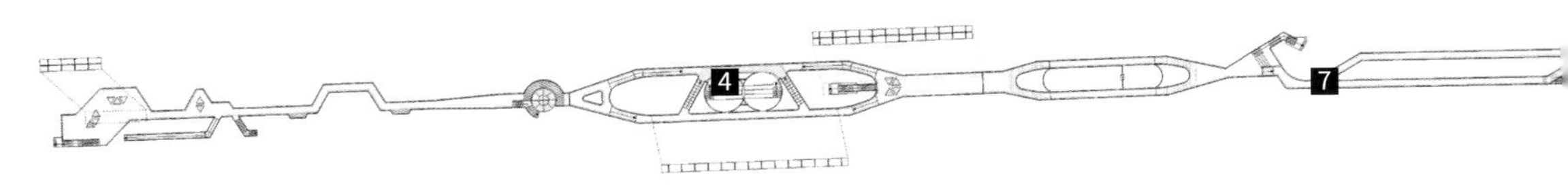

K3云上廊

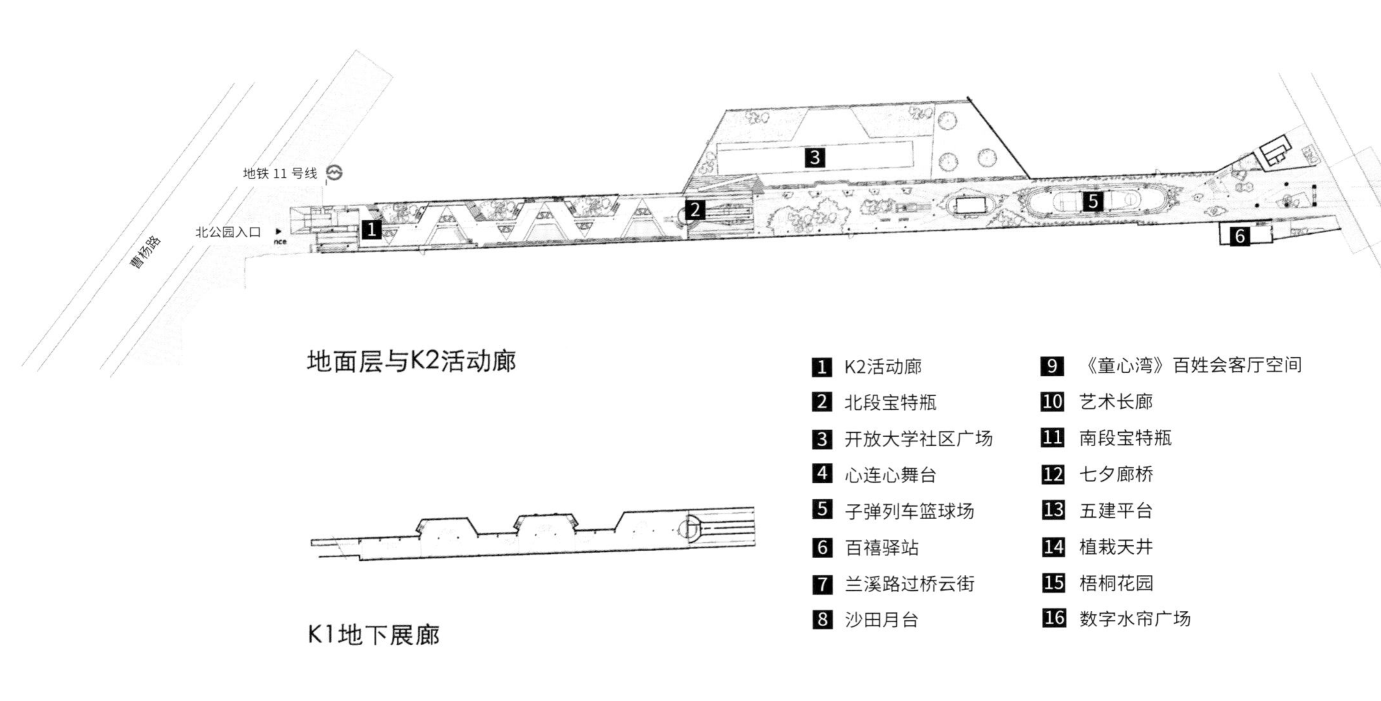

地面层与K2活动廊

K1地下展廊

1 K2活动廊
2 北段宝特瓶
3 开放大学社区广场
4 心连心舞台
5 子弹列车篮球场
6 百禧驿站
7 兰溪路过桥云街
8 沙田月台
9 《童心湾》百姓会客厅空间
10 艺术长廊
11 南段宝特瓶
12 七夕廊桥
13 五建平台
14 植栽天井
15 梧桐花园
16 数字水帘广场

[总平面图]

[剖面索引平面图]

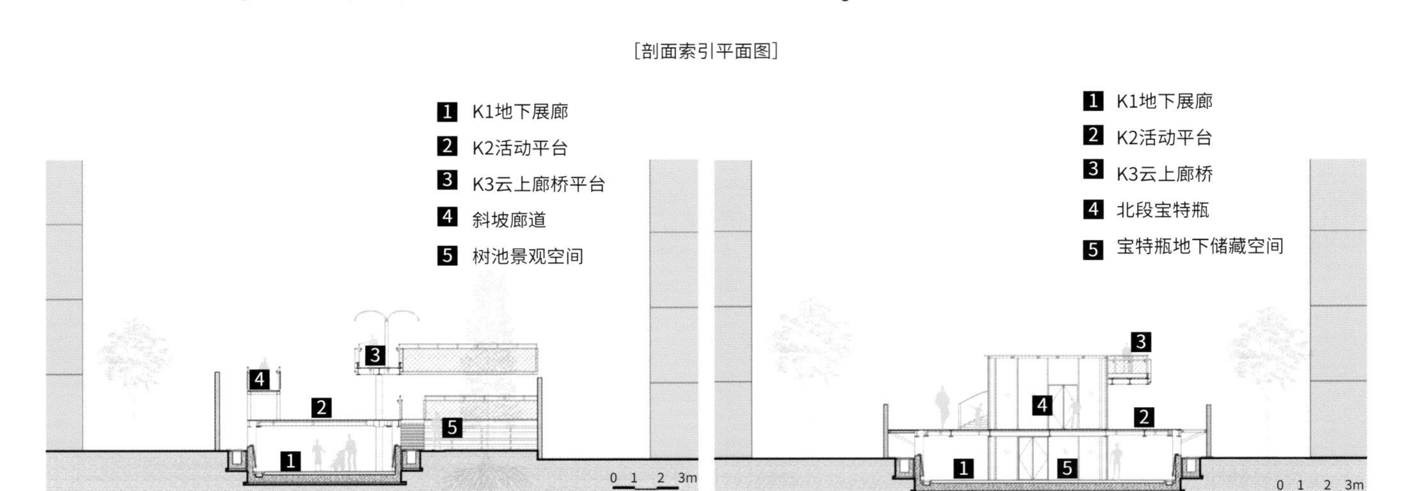

[a-a 北入口剖面图]

[b-b 北段宝特瓶剖面图]

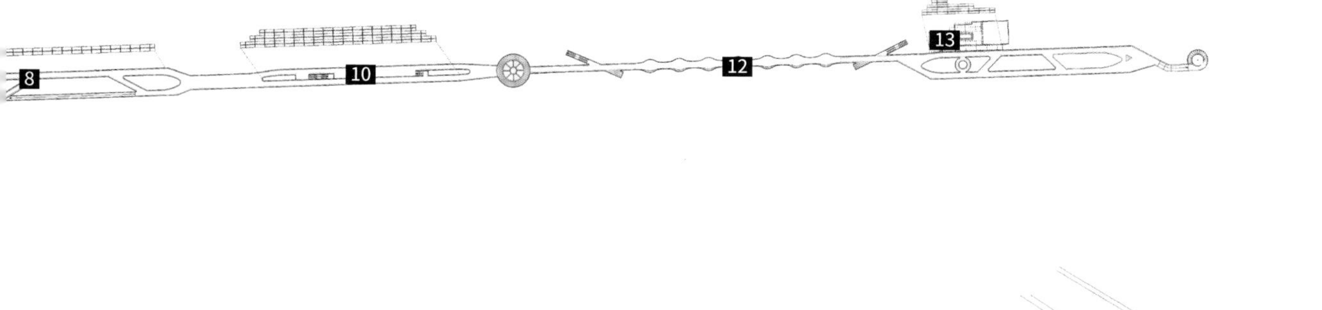

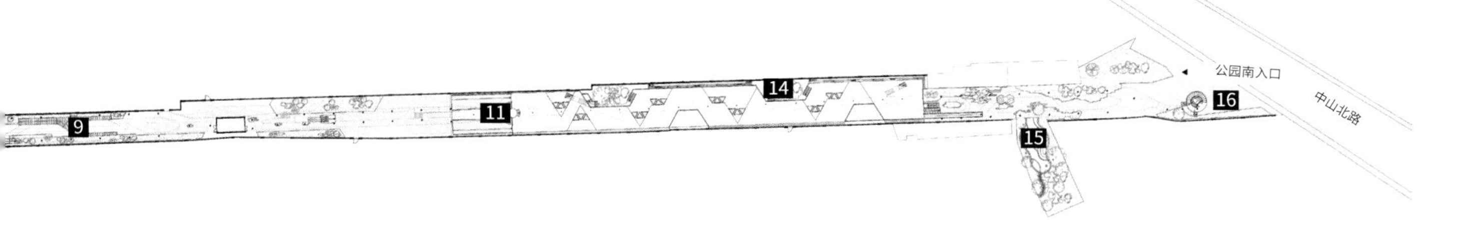

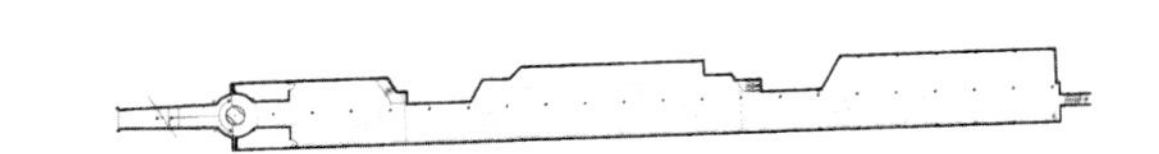

[总平面图]

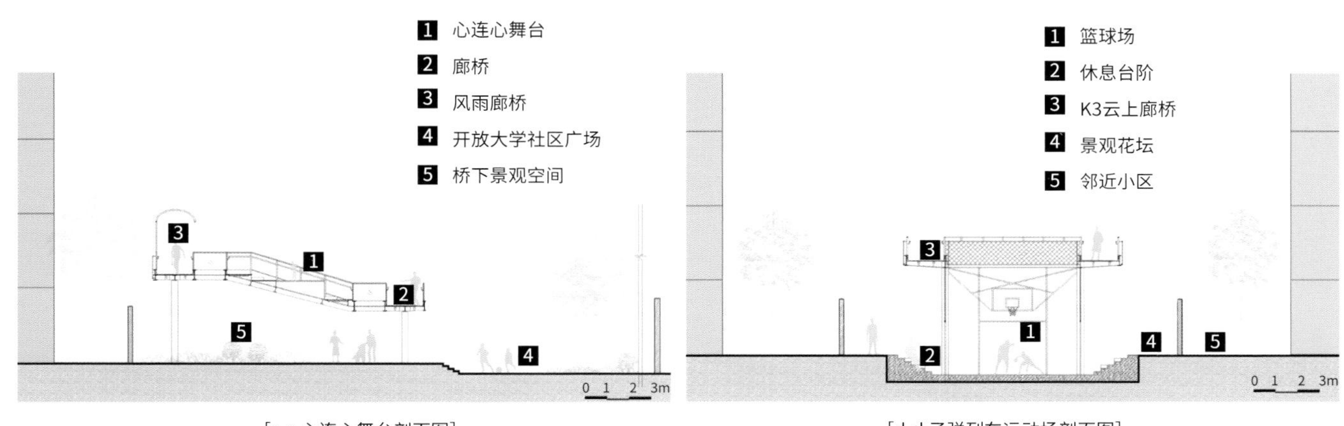

[c-c 心连心舞台剖面图]

[d-d 子弹列车运动场剖面图]

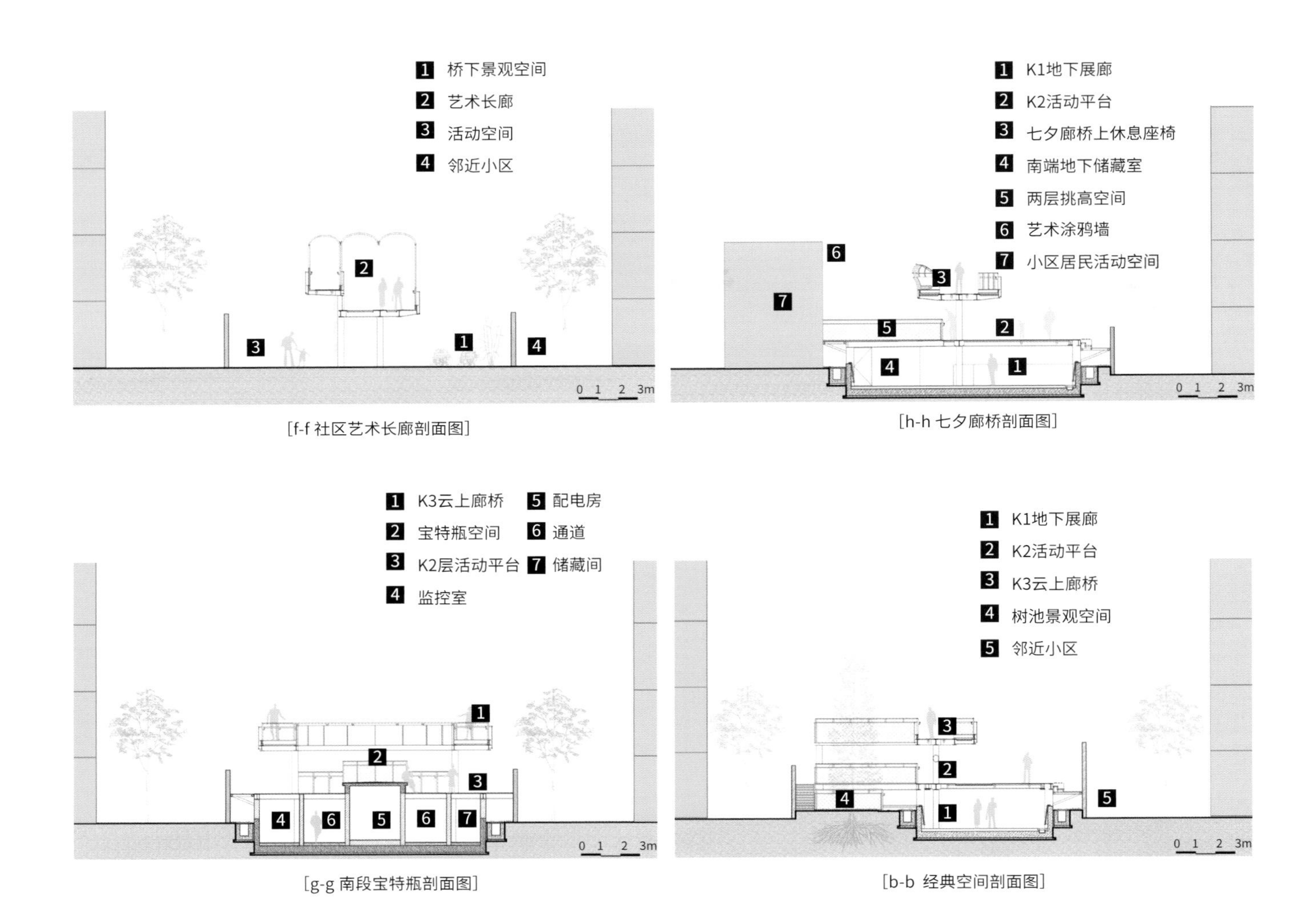

设计策略与场景

狭窄的场地通过立体的设计手法被赋予 3 倍的延展空间，成为附近住宅区、学校、商业办公区等不同使用人群在不同时段下休闲活动的边界拓展空间。由于地铁以及周边楼距的限制，半地下层的开挖深度被控制在 1 m，首层向上抬高 1.4 m，预留出部分底层空间作为社区“收纳器”，人们可在此进行艺术展览、社区活动、文创集市等临时性的活动。另一方面，为了不造成公共空间对周边小区居民楼的干扰，南北贯通的高线步道被限定在离地 3.8 m 的高度。

本设计中全长 880 m 的景观长廊被划分为南北两翼，聚合 10 组场景以满足聚集、活动、娱乐、休闲、运动等公众需求。立体长廊从核心区向南北延展，串联社区活力，形成互不干扰又交错对话的多维立体空间。北端入口被设计为面向曹杨新村的城市客厅，左右两侧的联农大厦、中桥大楼裙房被纳入设计更新范围，被围合的地面与云桥形成高低两层入口广场，可行进、可远眺。中段跨越城市道路的双流线过街天桥保留了公园的步行体验，街道上熙熙攘攘的车流与行人共同组成了公园场景的一部分。而南端以环形廊桥连接左右的直线云桥，前后各有一颗朴树穿过云桥空隙，随着树木的生长，茎叶相互缠绕，行经其中可碰触枝叶。设计师希望尽可能地增加一些绿化空间，见缝插针地去种一些树、一些草、一些花，让整个空间除了钢铁，也有绿意。

01/ 城市肌理

02/ 七夕廊桥鸟瞰图

03/ 北段曹杨路入口

04/ 北段底层开敞空间

01

02

03

04

01/ 轻质拱棚结构

02/03/ 地面层丰富的活动空间

04/ 南段入口沙田月台段鸟瞰图

05/ 廊桥与南段地下室入口

06/08/ 北段半地下室入口

07/ 南段半地下室入口及宝特瓶

09/ 南段七夕廊桥上下休闲空间

04

05

06

07

08

09

01/ 过街天桥望向环球港双子塔

02/ 在轻质拱棚下行走

03/ 从小广场看向心连心舞台

04/ 南段底层开敞空间

05/ 七夕廊桥与老墙

06/07/ 沙田月台下的活动空间

08/ 南段桥下的景观空间

09/ 廊桥与绿植墙

04
05
06
07
08
09

上海新华路口袋公园

项目名称：上海新华路口袋公园
项目地址：上海市
景观面积：106 ㎡
设计公司：上海水石建筑规划设计股份有限公司
摄　　影：陈颢、王琇、盛松山、周飚

设计师希望在钢筋水泥的城市中创造一个自然且具有诗意的空间，通过空间的力量，使人们从繁忙的都市生活中抽离出来，浸入一个静谧的，可漫步、闲坐、观展、赏花的自然花园中。

项目位于上海市长宁区新华路上。新华路两旁布满高大茂密的梧桐和绿树掩映的洋房，因此被誉为“上海第一花园马路”。场地位于新华路两栋建筑之间，是一处长 22 m、最宽处不足 4.2 m 的弄堂空间，过去是一个路边违建的小面馆，面馆被拆迁后，此处就变成了一个闲置空间。因此，新华路街道办事处希望将其改造成一个能为周边居民服务的口袋公园。

初识场地

设计团队第一次走进场地看到的是半米高的野草在原来的厨房地面上顽强地生长，穿梭于过膝的野草丛中，最大的感想是若能在上海这个快速城市化的一线都市中保留一个公共、开放、绿色的空间，将是十分珍贵的。

所以，经过和甲方讨论，设计团队为这个 100 ㎡的小弄堂在功能上做了两个定位：一是作为一个为周边社区服务的口袋花园，二是形成一个可满足持续展览的街头展廊。设计师希望借此重新激活城市的“边角料”空间，服务周边居民。

[改造前状态]

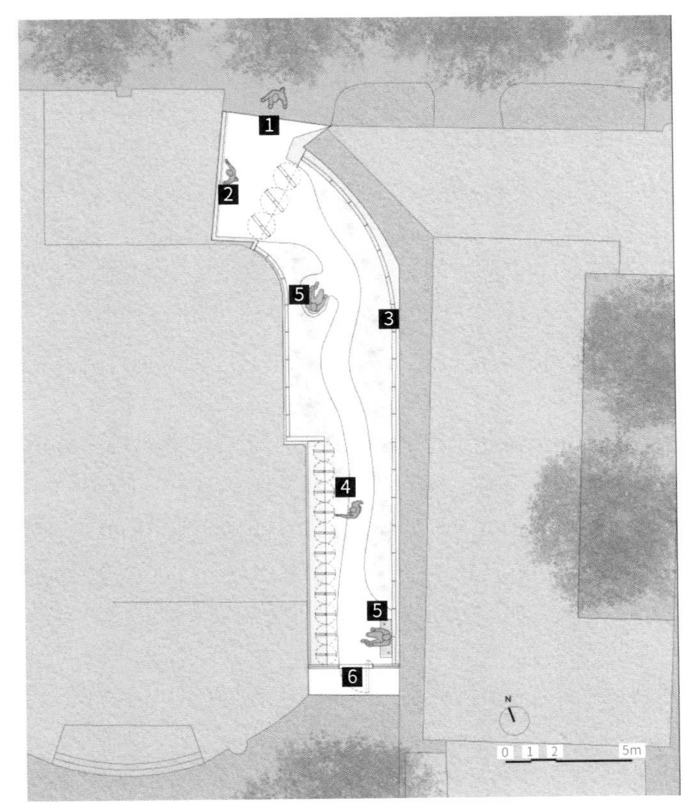

[总平面图]

[旋转镜面系统剖面图 1]

[旋转镜面系统剖面图 2]

[旋转镜面系统剖面图 3]

- 1 主入口
- 2 展墙
- 3 镜面不锈钢系统
- 4 街头展廊
- 5 休闲座椅
- 6 次入口

介入场地

通过对场地的研究，设计师决定通过 3 个系统介入场地：镜面不锈钢系统、耐候钢入口系统、植物系统。

首先，设计师在内部弄堂两侧墙面上设置了镜面不锈钢系统，这是整个设计的核心。两边的镜面系统可以无限反射中间的小花园，当人从中走过时，仿佛步入一个无限的自然花园，从而给人带来一种在城市中很难得的体验。部分镜面系统是可旋转的，将其旋转过来便是一块块可更换的展板，一个可以持续提供内容的街头画廊由此出现。通过使用手机扫描展板上的二维码，游客可访问互联网上的展览空间。

同时，两侧的镜面就像一个荧幕，它们记录着植物一年四季随时间更替的变化，不同的人在这里与镜面、植物互动，呈现出不同的风景。另外，从城市管理及安全的角度看，这个空间离城市道路较远且相对封闭，设计师希望通过镜面的反射，形成一定的提示作用，避免这里成为城市犯罪的空间。

01/02/ 镜面系统将中间的小花园无限延伸

03/ 展览状态下的口袋公园

04/ 可翻转的展板

其次，设计师设置了一个由耐候钢形成的入口，并在这里布置了一个关于新华路历史建筑的永久展。设计师认为整个新华路应该被看成一个鲜活的博物馆，所以将此处设计为介绍新华路上众多珍贵历史建筑的小序厅，具有厚重感的耐候钢是对历史的回应，同时谦卑自然地介入城市街道界面。

05/ 入口的旋转门

06/ 口袋公园入口与街道

07/ 口袋公园入口

08/ 旋转门关闭状态下的入口

花园里植物系统的氛围和维护都是重要的切入点。40 cm 以下、40~80 cm 以及 80 cm 以上 3 种不同高度的植物相互搭配，建立丰富的层次及与人身体的关系。当人步入花园，过膝的植物会给人较强的包裹感，仿佛步入一片无限的花海。

花园中种植的花草以鼠尾草、满天星、矮蒲苇、粉黛乱子草为主，营造出充满自然野趣的植物氛围，使口袋公园成为城市里珍贵的自然景观，鲜活地呈现四季变化。

01/ 镜子里的花境效果

02/ 丰富的植物层次关系

03/ 充满自然野趣的粉黛乱子草

呈现

设计师希望呈现一道具有时间性的风景，它是不断变化的：充满自然野趣的花园，随四季变化而呈现不同的景致；如荧幕一般的镜面，记录着不同的参与者与空间的互动场景；这是一个无限的自然花园，也可变化为提供持续展览的街头画廊。

04/ 口袋公园主入口

05/06/07/ 花园小径

广州望岗望南公园

项目名称：广州望岗望南公园
项目地址：广东省广州市
景观面积：6 200 ㎡
设计公司：广州山水比德设计股份有限公司
摄　　影：广东新山水文化发展有限公司

老旧社区的“病态”现状

街老、院老、房老、设施老、生活环境差是老旧社区普遍存在的问题，居民在“四老一差”的环境中生活，缺少适度的设施与环境关怀。在景观改造的层面，如何才能通过空间优化提升居民的舒适度和幸福感呢？

近年来，“市井”成为众多媒体呼吁的一种“濒危”文化，大家都在感慨城市市井文化的缺失。人们生活在城市的水泥森林中，少了精神归属感。设计团队认为，对于市井文化的呼吁，恰是大众对于城市宜居水平、城市友好程度、居民幸福感的呼吁，是精神层面的需求，而公共空间的景观设计，可以起到重构场地，连接人与人、人与空间的作用，对市井文化起到传承作用。

在方案评审的过程中，设计组委托业主邀请中国工程院院士何镜堂对设计成果进行点评，他认为，户外空间公共项目的重点就是听居民的，只有居民才最清楚自己对生活环境的需求。

经过走访，设计组更加清楚如何对政府、居民、专家等多方意见进行统合考量。项目重点挖掘当地历史故事和文化底蕴，强调“历史感、生态性、生活化”，以打造出符合当地居民使用习惯的生活空间，为他们的生活体验提升带来一份微薄的力量。

[改造前状态]

望南公园的困境

望南公园位于广州白云区嘉禾望岗的望岗村，设计组经过 3 天的场地观察及走访，梳理了望岗村的发展历程、百年黎氏大宗祠与望南公园的关系。改革开放以来，随着广州城市规划、产业的发展，人口从市中心迅速外扩，望岗村便是当下城市发展的一个城中村缩影。

在方案设计期间，为了进一步了解场地情况与居民的需求，设计方对望岗村的交往空间、五感体验、活动策划、植物设计等有利于社区景观健康的方面都进行了调研和实践，以此推动方案的生成与完善。

场地中存在的比较突出的问题是人口增长与场地公共空间被压缩的矛盾，交通系统混乱导致的安全隐患问题，空间功能划分失衡导致休憩空间的不足，不同年龄层活动空间的缺失，本土村落传统文化的缺失及服务设施破败等。

1 口袋花园
2 垃圾分类区
3 广场
4 亲水长廊
5 景观游廊
6 文化广场
7 社区剧场
8 秘境花园
9 全民健身区

[总平面图]

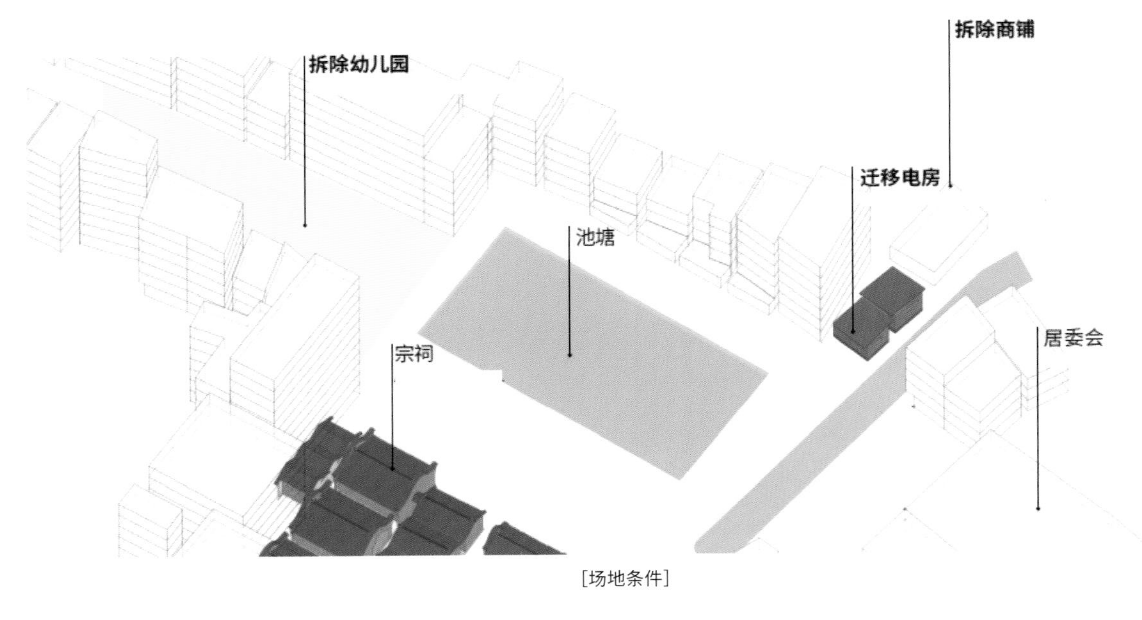

[场地条件]

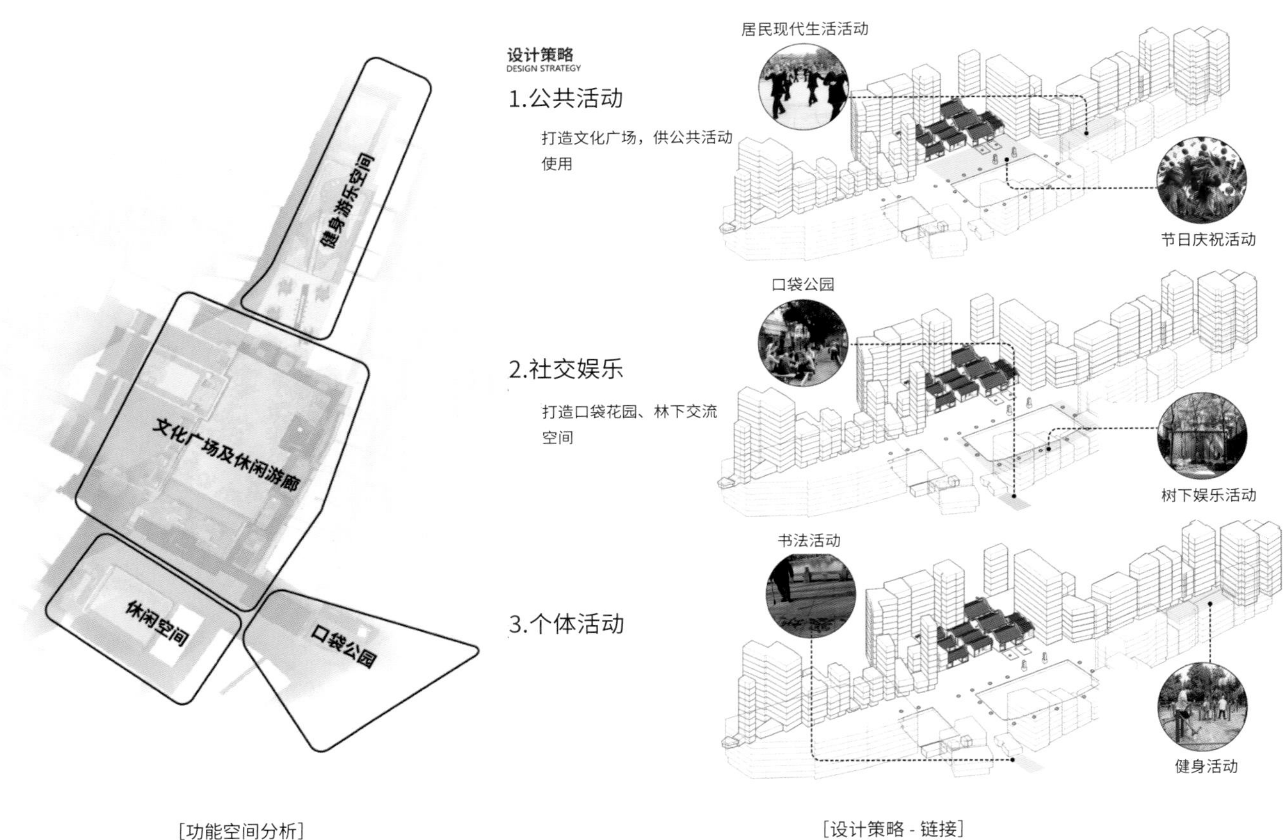

[功能空间分析]

[设计策略 - 链接]

“拯救”策略

纵观场地，望南公园具有京兆黎姓祠堂悠久的历史，传承这一氏族文化成为设计师思考的重要因素。景观改造遵循新山水设计方法论“此时·此地·此人”的设计策略，提出“同堂”主题，即在同一个场所不同的人同堂，并在此繁衍生息。望南公园的改造既不是大拆大建的一刀切，也不是简单的环境提升。设计通过对数十年来“失序”建设挤压的空间进行梳理、优化、重构，释放一部分公共空间，打造独具特色的“口袋公园”，使得原本拥挤不堪的空间变得更为宽敞，“呼吸”变得顺畅。

策略一：重塑空间

本项目拆除与迁移场地中的垃圾房、电房、幼儿园等构筑物，再对场地的铺装与建筑外立面进行改善，对整体环境的视觉观感和零碎空间分别进行整合。

01/ 亲水长廊

02/ 树荫下休闲的市民

03/ 保留原有大树，形成绿荫空间

策略二：交通引导

为了让当地居民有更好的出行体验，设计师对祠堂前的道路进行了交通规划，在祠堂前留出一块无车干扰、居民可以安心活动的空间。

01/ 采用古典园林表现手法的长廊空间局部

02/03/ 聚集在长廊下休闲的人们

策略三：文化传承

本项目保留和修复祠堂古建筑群与旧石材铺地，同时建立新时代文化亭，与祠堂相呼应，形成文化传承礼仪轴，使居民的日常生活与传统文化密切关联。

04/05/07/ 供小朋友们玩乐的空间

06/ 供带娃家长休憩的座椅

08/ 源自岭南花窗的灵感，让灰调增添几分意趣

策略四：生活剧场

原场地仅有一条狭窄的健康休闲长廊，设计师通过空间重塑、交通引导及对环境设施进行修整，营造广场、林下、廊间、球场等更加舒适和安全的活动空间。

01/ 在树荫下休闲的人们

02/ 景观长廊

03/ 休闲坐凳

04/05/ 廊间广场等活动空间

策略五：商业激活

本项目通过对整体空间的重塑优化，化解了交通与活动空间问题，并与周边居民的生活性消费建立联系。

改造后的望南公园展示出古典私家文人园林般的意趣，赋予空间以舒适度与尊严感，让人们得以再次感受到露天观影、树下对弈、池边纳凉等望岗居民百态的市井生活；举行创意集市等商业活动，让居民切实感受到设计保留了生活的印记，重新焕发场地活力，提升居住环境品质。

06/07/08/09/10/11 廊架设计，延续市井生活剧场

嘉兴老建委驿站

项目名称：嘉兴老建委驿站
项目地址：浙江省嘉兴市
建筑面积：380m²
设计公司：中国美术学院风景建筑设计研究总院有限公司青创中心
摄　　影：奥观建筑视觉

老建委驿站位于嘉兴市老城核心中山路，场地夹在不同年代的大楼缝隙中，属于典型的城市碎片空间。该项目是嘉兴老城重塑计划中的一部分，区别于大规模的整体更新，设计师在碎片空间中引入简·雅各布斯的“街道眼”概念，用“器官化”的点式更新来唤起人们对老城复杂多样生活的热爱。

01/ 项目与周边环境的关系

[改造前状态]

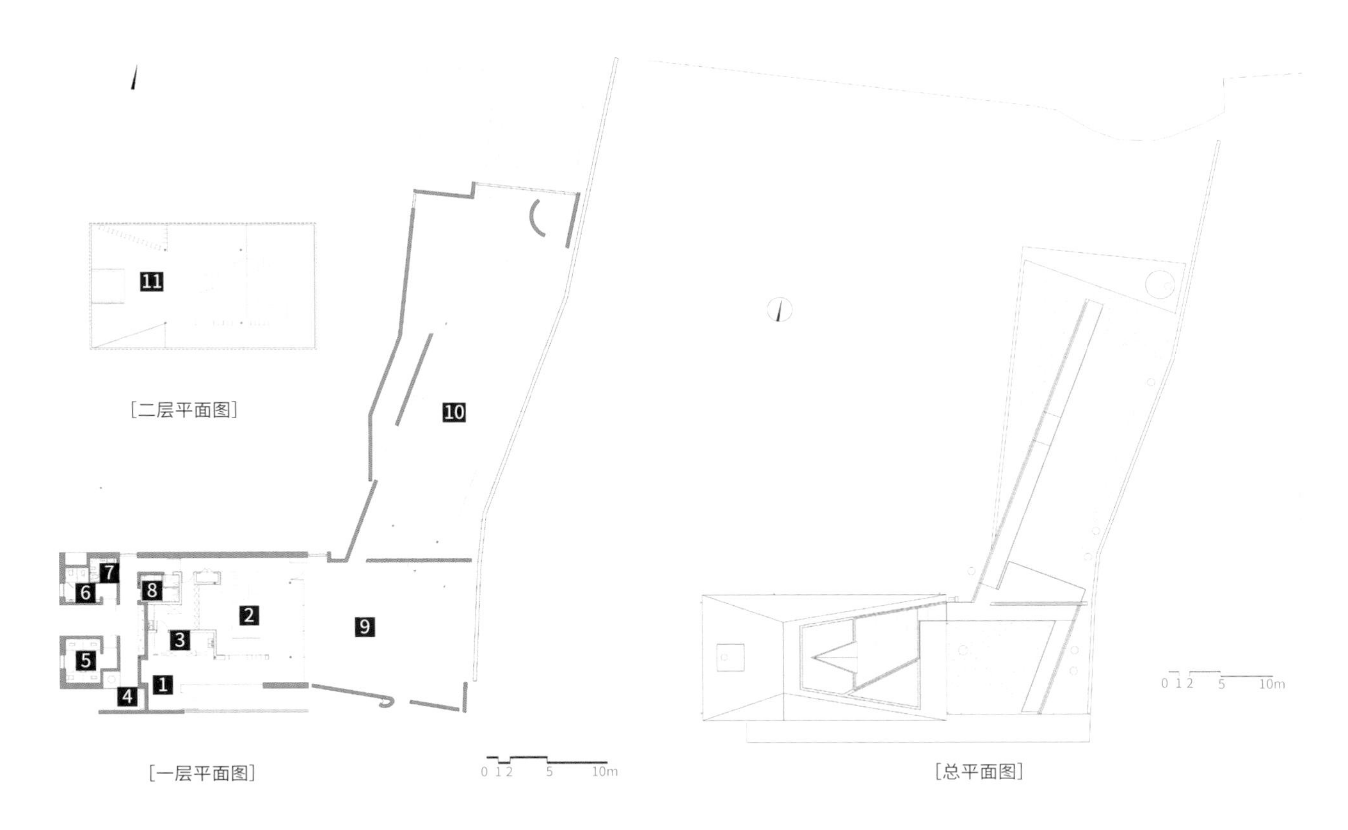

[二层平面图]

[一层平面图]

[总平面图]

1 入口门厅
2 大厅
3 服务台
4 公共卫生间门厅
5 女卫生间
6 男卫生间
7 无障碍卫生间
8 母婴室
9 庭院
10 庭院水景
11 大台阶书吧

[剖面图]

驿站掩映在高大的梧桐树下，黛色菱形屋顶罩着青色清水墙建筑，完全没有新建筑的生涩感，就像是一直生长在这里的老朋友。老嘉兴的元素连接了历史，简洁干净的建筑代表了现代。建筑主体为一体化大跨度的清水混凝土壳体结构，从而保证内部空间的通透完整。清水混凝土墙体的转角均做切角处理，防止尖锐的混凝土对人体造成伤害。卫生间使用数字化智慧运营系统，实时监测空气质量、湿度、温度并能自动调节，智能显示厕位的使用情况，统计人流数据并反馈给城市管理者。

01/ 实景鸟瞰

02/ 连廊空间

03/ 建筑外观夜景

04/ 室内实景

经过环绕的坡道和楼梯后，进入驿站的第一个停留空间是屋顶露台，在这里，访客不仅可以享受在树荫下纳凉的安全舒适，还可俯瞰墙外中山路的车水马龙。经过长长的坡道进入北侧庭院，这里是附近社区小朋友最喜欢的地方，庭院以浅水景为主景，可保证儿童嬉戏时的安全。另外，从坡道下方迂回穿插进入建筑主体的通道还可举办社区的小型宣讲活动。

08

09

10

11

场地最大的特征是无序、边界模糊，还有 4 棵枝繁叶茂的香樟。项目的目标是重新利用场地，创造活跃的社区活动空间，并满足公共卫生要求。建筑以“大树底下好乘凉”的姿态介入场地的复杂环境中，在不规则的场地上建成 3 个院子来保留 4 棵香樟，限定边界，整个屋面都在树荫底下。设计师围绕建筑空间和庭院置入由楼梯和坡道构成的立体流线，吸引公众参与其中。在沿街面用厚重的木纹混凝土和轻盈的金属网迎接公众视线，混凝土卷起的入口勾起访客一探究竟的好奇心，引导访客进入预设的行走流线。盈的金属网迎接公众视线，当访客接近时，混凝土卷起的入口勾起访客一探究竟的好奇心，引导访客进入预设的行走流线。

01/ 浅水池

02/03/04/ 连廊空间

05/ 保留的香樟树

06/ 屋面与连廊

07/ 坡道和阶梯

08/09/ 庭院夜景

10/ 入口路径

11/ 卷起的混凝土入口

01/ 室内和庭院的关系

02/03/ 大台阶

04/ 走廊和书架

05/06 室内入口

建筑的主体是开放的阶梯式阅读空间，设计师在此设置了整片的书墙和不同标高的读书平台，作为整条立体流线的终点或者起点，并结合三角形屋顶隐喻“嘉兴粽子”，表达一定的地域特色。

“一条中山路，半座嘉兴城”，于嘉兴人而言，中山路是抹不去的城市记忆，见证了这座城市的发展变迁。设计师尝试通过老建委驿站激活老城碎片空间，使其成为充满活力的城市乐趣之眼、公共生活之眼，成为周边社区小朋友的儿时记忆，成为值得留恋的“老街头”。

07/10/ 开放式阅读空间

08/ 从屋顶望向阅读空间

09/ 三角形屋顶夜景

东园社区公共建筑与景观改造

项目名称：东园社区公共建筑与景观改造
项目地址：上海市
占地面积：731 ㎡
建筑面积：482 ㎡
建筑设计：上海无样建筑设计咨询有限公司
景观设计：未相景观与城市设计事务所
摄　　影：艾清（建筑摄影）、吴清山（景观摄影）

东园新村地处上海浦东陆家嘴的核心区域，是从 20 世纪 80 年代开始建设的功能混合型居住小区，以住宅为主，但是小区范围内也包含旅馆、幼儿园、商务楼和社区文化服务设施。面对周边价格昂贵的滨江住宅区，以及日益更新的陆家嘴城区，略显陈旧的东园新村必然会面临城市更新的诉求。新村内近年建成的陆家嘴金融城文化中心和新开放的陆家嘴图书馆作为向“东园文化园”转型的重要案例，正是陆家嘴街道推动片区城市更新和社区文化建设的成果。

01/ 项目鸟瞰

[改造前状态]

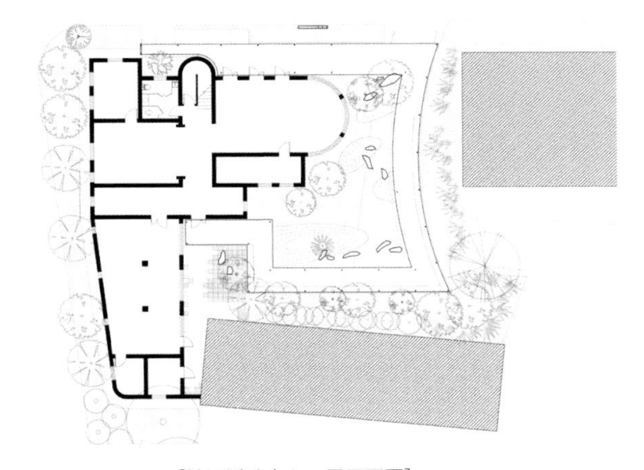

[社区活动中心一层平面图]

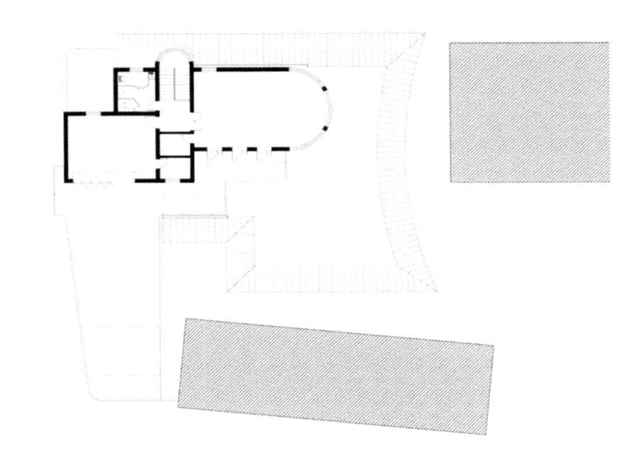

[社区活动中心二层平面图]

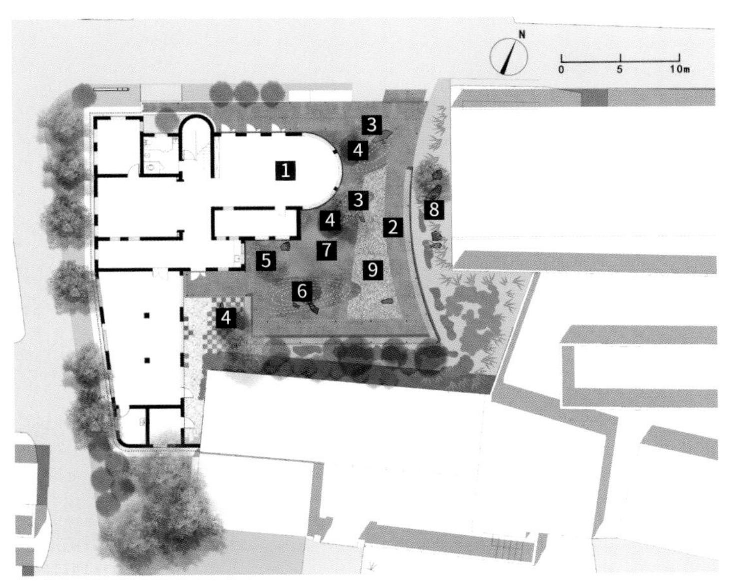

[总平面图]

本项目是东园新村内的一个旧建筑改造项目。它位于东园二村的中心，周围被住宅楼环绕，南侧与一家国际青年旅舍相邻。改造前其是陆家嘴社区公共卫生指导中心，改造后用作居委会服务站和社区活动室。作为东园新村内的公共空间更新项目，改造设计需要响应社区转型和文化建设的要求。

原有建筑是带有内院的一幢两层小楼。建筑外观是 20 世纪 90 年代典型的装饰风格，建筑内部空间封闭阴暗，院子外围用围墙和铁门与住宅小区隔开。

1 社区活动中心建筑
2 连廊
3 鸡爪槭
4 羽毛槭
5 青枫
6 黑松
7 苔藓
8 竹林
9 砾石

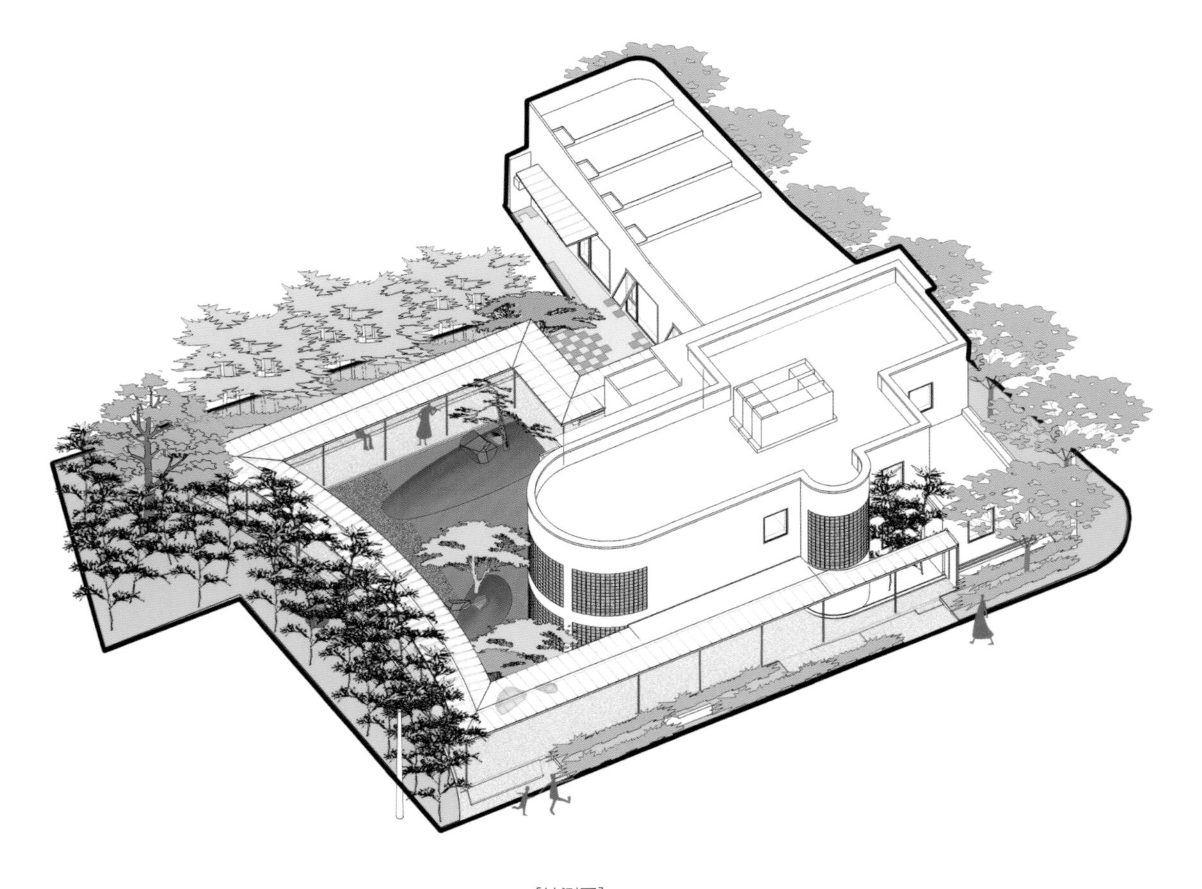

[轴测图]

改造更新的设计主要体现在两个层面。首先把原本封闭的场地转变为开放的社区共有空间，场所特征从分隔向分享转变；拆除院子的围墙和铁门，通过新设计的游廊重新组织空间布局。开敞通透的长廊和建筑物连接成整体，围合出一个微型的园林空间。建筑、游廊和园景一起形成一个位于社区内部的、开放的、可融于居民日常生活的共享空间，设计师称之为“东园”。

01/04/ 开放式连廊

02/ 改造后的建筑

03/ 夜景下的连廊

05/ 沿街连廊

园内乔木以槭树类为主，它们除了用于绿化，还扮演着营造空间的角色。靠北侧的布置相对密集，使得入口的空间围而不堵。站在园内南侧向北望去，高大的鸡爪槭将对面杂乱的居民楼立面形象挡在园外。南侧空间舒朗，给人以清爽干净的感觉，到访者从入园开始沿着游廊转到南侧之后会有不同的空间和视觉体验。

01/ 一条连续的游廊代替了原先的围墙和铁门

02/ 夜间的东园和城市建筑

03/ 游廊向南成“回”字形，连接了建筑南北，使其形成一个整体

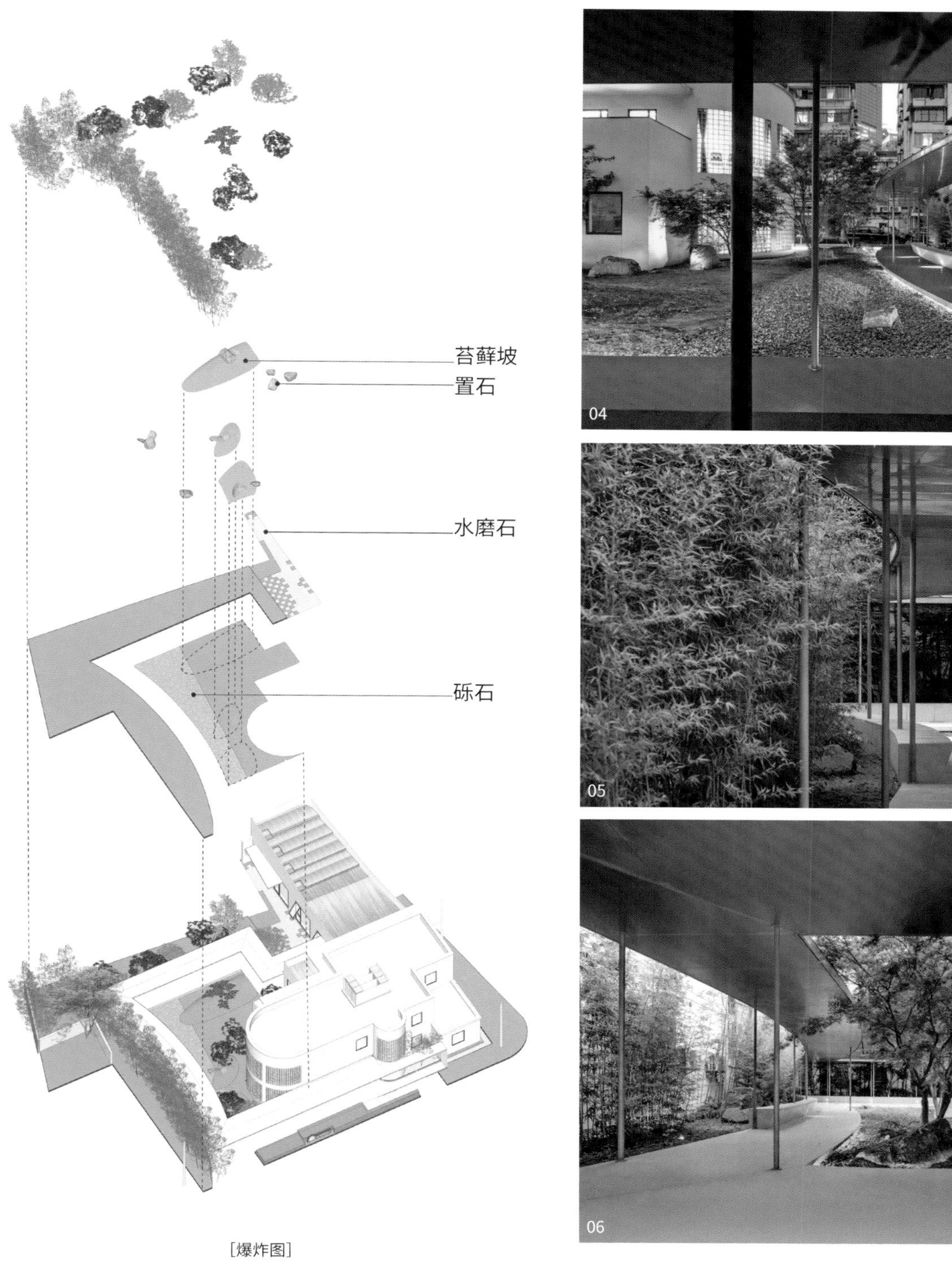

[爆炸图]

04/ 高大的鸡爪槭将对面杂乱的居民楼立面形象阻挡在园外

05/ 连廊与竹林

06/ 东北处似有若无的园林入口

园内的置石选用的是苏州本地开采的黄石，是传统园林里常用的一种造园材料。由于施工单位采购时出现了偏差，其数量及规格和设计的相差甚远，完全无法再按照原有设计布置。不得已，在石头运到现场之后，设计师在现场进行了即兴再创作，这样的即兴创作却也使得设计师在造园过程中感受到犹如绘画般的趣味。

01/ 植物的分布使访客的空间和视觉体验产生变化

02/ 室内温暖的光线从玻璃砖和植物缝隙间透出来

03/04/05/06/ 不同造型的黄石小景

由于种植的树木以落叶树为主，因此地表的绿化采用了苔藓。这种在唐宋时期就备受文人喜爱的、可爱的毛茸茸的植物保证了园中四季常绿。

07/08/ 苔藓

01

02

03

对于建筑物来说，因为原有建筑是混合结构，所以并没有做很大改动。在外观上设计师去除了外立面的装饰造型，还原并加强了建筑本身的形式特征；重新设计了建筑的入口，使一楼的居委会服务站直接面对小区居民；打通了建筑底层局部的内部空间，使其变得开敞明亮，也使得服务空间更加灵活贯通。二楼是两个活动室，设计师将室外的屋顶平台改造成了阶梯式小剧场，在与之相连的活动室处特别设计了折叠门，门被拉开后，室内外可以连通在一起，容纳多样化的社区活动。

01/ 二层活动室

02/ 楼梯间

03/ 入口大厅

园林是传统居住空间的理想模型，也是雅文化的重要载体。东园新村内已经有丰富的文化设施，“东园”作为新的补充，设计师希望在当下流行的以大众通俗文化为主导的社区空间更新之外，给“东园文化园”增添一些雅趣。由于项目处于小区内部，周围紧临居民住宅，所以设计师希望创造一个安静的内向空间，而且也希望以园林为载体给社区创造一个融入居民日常生活的精神空间，为社区更新提供多元化的尝试和更丰富的文化维度。

04/ 玻璃砖采光窗

05/ 入口大厅一角

06/07/ 屋顶露台的阶梯式小剧场

广州恩宁路永庆坊（一期）改造

项目名称：广州恩宁路永庆坊（一期）改造
项目地址：广东省广州市
建筑面积：8 000 ㎡
设计公司：广州市竖梁社建筑设计有限公司
摄　　影：吴嗣铭

项目背景

广州市荔湾区的恩宁路始建于 1931 年，东起宝华路，西北至多宝路，与龙津西路相连。这里曾是晚清时期中国南部的核心经济区域，骑楼景观驰名中外，西关大屋遍地开花，名人故居云集。恩宁路、龙津西路与第十甫街、上下九步行街连接，是广州最完整最长的骑楼街，被誉为“广州最美老街”。以恩宁路为核心向四周扩散的由小街小巷组成的老城区见证了西关近代商贸繁盛、市井生活浓郁的历史时期。

但光鲜形象背后的内部街区环境非常混乱，建筑良莠不齐，因为社区衰败，很多房屋已经人去楼空，野草丛生。相对好的则被出租为小店铺、仓库等。总体来说，居民改善居住条件和社区环境的意愿很强。他们迫切需要的是摆脱竹筒屋的阴暗潮湿，能参加城市的产业活动，而不是靠“西关文化”这样的浪漫元素吃饭。

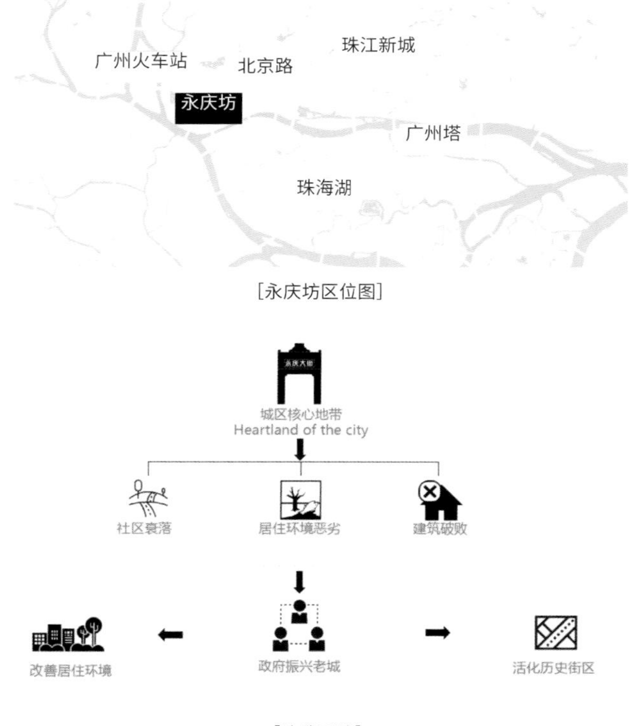

[永庆坊区位图]

[改造思路]

[改造前状态]

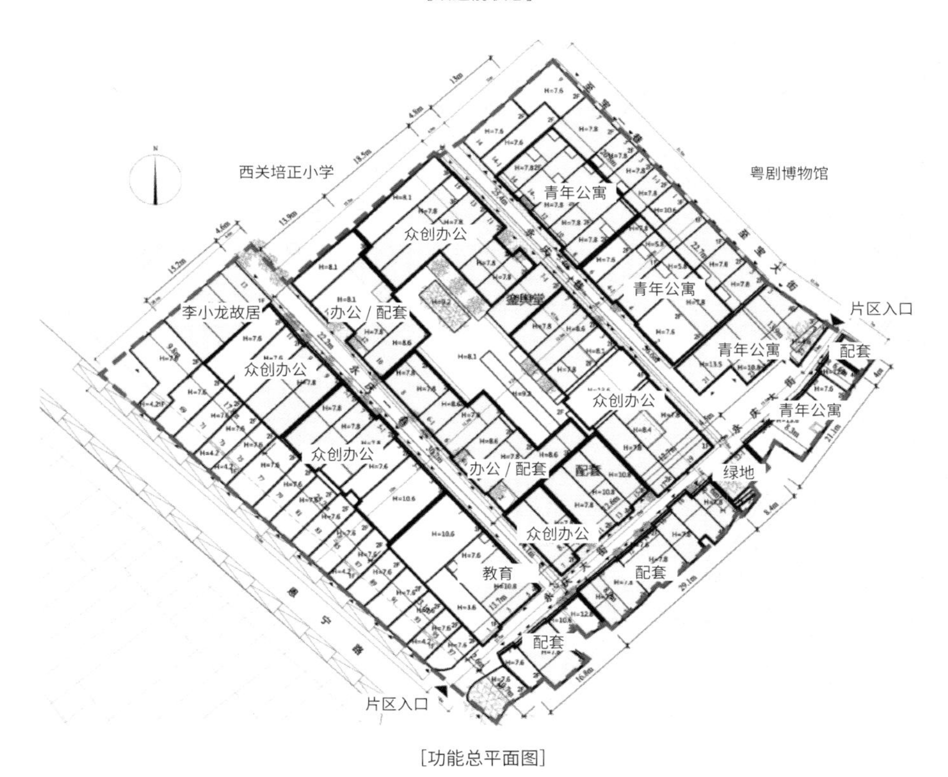

[功能总平面图]

在历史街区问题上，很多人的第一反应是“保护”“修旧如旧”，设计师则认为：对于历史街区不能以“保留”或“修复”一刀切处理。有些按历史风貌统一整治的街道，看上去原汁原味，却因为房屋格局没法吸引商家而门庭冷落，只有街道，没有生活，沦为“布景一条街”，因此设计师尝试寻找一种可行的方式来复兴西关历史街区。

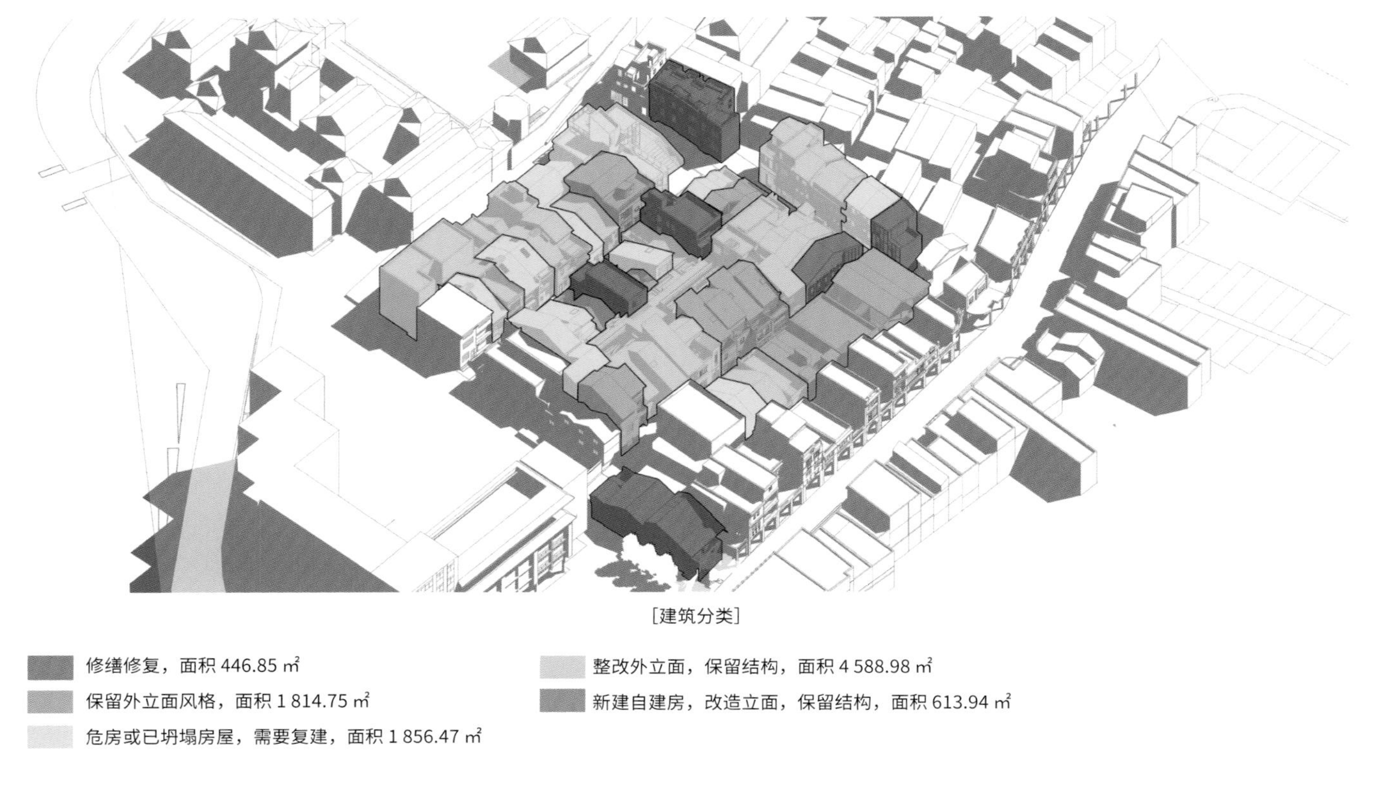

[建筑分类]

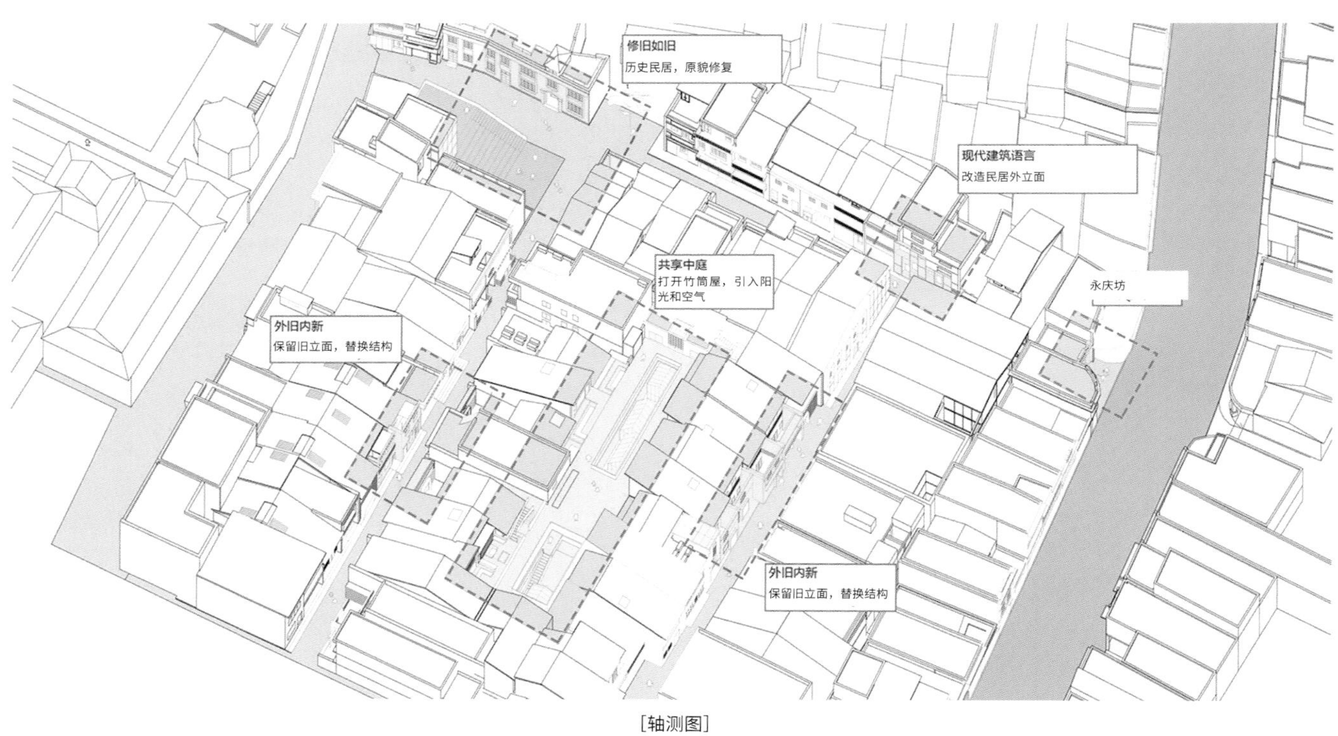

[轴测图]

“微改造”设计策略一：延续

设计师在规划上极其尊重原有街区风貌，保留每一条街巷；保持每条街巷两边的建筑檐口高度不变，保留并修缮所有具有历史风貌价值的建筑外立面，包括立面装饰等；保留结构完好而风貌杂乱的建筑，并改造为统一风格，保持整个街区在宏观上、整体上的延续感。

改造的思路是“有机更新”，即将城市片区看作一个有机生长、新陈代谢的生命体，因而采用具有适应性、渐进性的改造方法。正如很多为大家所称道的欧洲小镇，自中世纪以来便保持和谐统一的外观，它们并非从不改变，同民居一样，它们也需要不停地修缮升级、通天然气、装空调，但总体是采用的因地制宜的适应性手段多，一刀切、颠覆性的手段少，所以，小镇得以保留最初规划建造时的智慧，连成一体，但每座单体建筑又和而不同、个性盎然。

这些先进经验对设计师启发良多，于是在永庆大街片区的风貌规划中，设计师将旧建筑中质量仍能维持的部分全部保留，只对质量欠佳的和明显需要开放的部分进行改造，进行名副其实的“微创手术”。

1/ 改造后的街道夜景

02/ 场地鸟瞰图

03/ 修复后的建筑立面

“微改造”设计策略二：提升

整体改造以修缮提升为主，这对设计师提出了考验。在施工过程中，本项目的设计团队有幸和富有旧建筑修缮经验的施工单位合作，一起探索出了一些施工方法。一开始他们沿用古建筑修复的常用办法，将青砖墙打磨后重新画线，但在反复商讨下，最终采用了清水砖墙砌筑的方法。存在的问题是原有的建筑立面不改变，而室内标高已经完全重新设计，两者产生的矛盾如何解决？最终的做法是将原立面小心地保留下来，将新建的立面退一步藏在其后，形成类似传统岭南民居高耸的前庭院空间。但这样的设计也对施工单位提出了更高要求，必须边拆除边加固，有些地方的砖甚至要一块块地拆除才能保证原有立面完好，在立面结构加固方面，建设团队利用空斗砖墙的构造特点，在空腔内植筋和灌浆，形成类似加强圈梁的效果，再通过钢板与主体结构连接，使立面获得重生。

01/ 与现代建筑的对望

02/ 改造后的永庆坊，居民生活其乐融融

03/ 永庆一巷

对街区里一些不为人注意的传统细节，如雕花、铁艺栏杆、木窗、趟栊门等，设计师也在踏勘过程中一一拍照记录，希望尽可能地修复原貌。改造设计过程中经常会出现意想不到的细部处理，以往的项目经验往往不能通用，需要活学活用，灵活创新，这也是保存历史信息的代价吧。

04/ 共享中庭

05/ 新旧痕迹的交织

06/ 联合办公空间的共享中庭

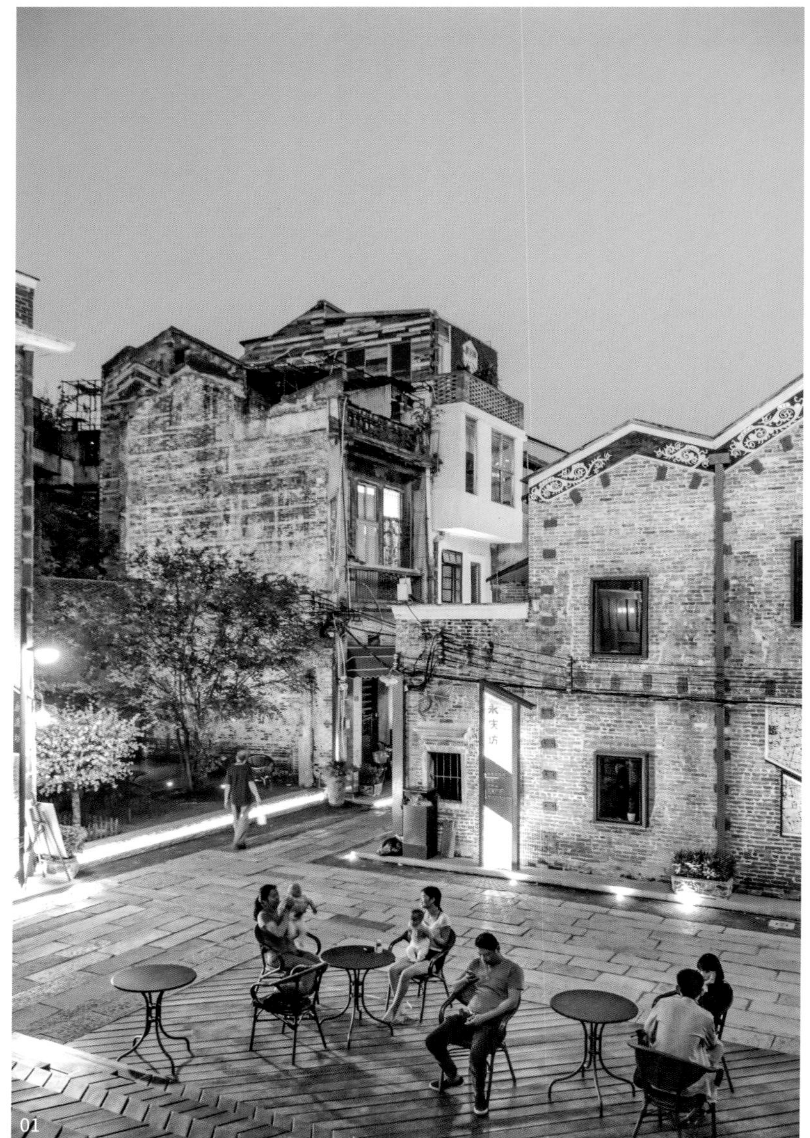
01

02

03

“微改造”设计策略三：多元

多元改造要求建筑师把视野拓展到城市生态上，前置性地与策划、招商、运营团队进行协作。如前文所述，老城的边缘化本质上是城市生态的问题，不解决城市生活内容的问题再多的改造也于事无补。

设计师结合永庆片区的实际情况，并结合自身的社会资源，提出了引入本土设计师品牌店、西关体验民宿、旧城工作小组并进行文化交流活动等可行性建议，意图从内容上盘活片区。在街区中央的共享中庭，设计师将竹筒屋结合的位置打开，引入新鲜空气和阳光，量身定制了共享办公群落，大大加强了办公产品的吸引力。另外，街区居民的参与也至关重要，如街区中保留的民间设施銮舆堂是远近闻名的粤剧爱好者训练、聚会的场所，因此，在街区规划中特意留出看台般的社区公园，以支持经常性的演出交流活动。街区中有一些居民不舍得搬离，设计师也针对他们的需求设计了不同的施工方案，比如在房屋天花板上新增加楼板，把原本倚靠在一起的房屋单独加固，甚至原地重建等。

在最后改造完的园区里，商业、文化活动应接不暇，无缝地街接原住户的日常生活。文艺青年们寻找着角度自拍，粤剧爱好者们尽情唱戏，不同的世界交织在一起，好像描写广州传统街坊生活的电视剧场景一般，别有一番趣味。

01/02/ 广场上休憩的居民

03/ 夜色中的永庆大街

04/05/06/ 不同的活动空间

南头古城保护与更新

项目名称：南头古城保护与更新（城市设计 + 建筑改造）
项目时间：2016 年—2017 年
项目地址：广东省深圳市
用地面积：282 637 m²
设计公司：URBANUS 都市实践建筑设计事务所 (以下简称都市实践)
主持建筑师：孟岩
总策展人：孟岩、刘晓都（2017 深港城市 / 建筑双城双年展）
建筑改造阶段合作：深圳市清华苑建筑与规划设计研究有限公司（施工图）、深圳市共和设计工程有限公司（室内施工图）
摄　　影：张超、吴清山、都市实践、UABB(深港城市 / 建筑双城双年展)

人们总说，深圳 40 多年来奇迹般地从一个“小渔村”演变成现代大城市，然而事实上深圳从来不曾是“小渔村”。位于深圳中心区域的南头古城始于晋代，直至新中国成立初期，历代都是深港地区的政治、文化和经济中心，下辖包括今天的深圳、珠海、香港和澳门等广大地区。南头古城有 1 700 余年建城史，近百年间古城不断消退而村庄不断膨胀，随着深圳城市化的加剧，最终形成城市包围村庄，而村庄又包含古城的复杂格局。

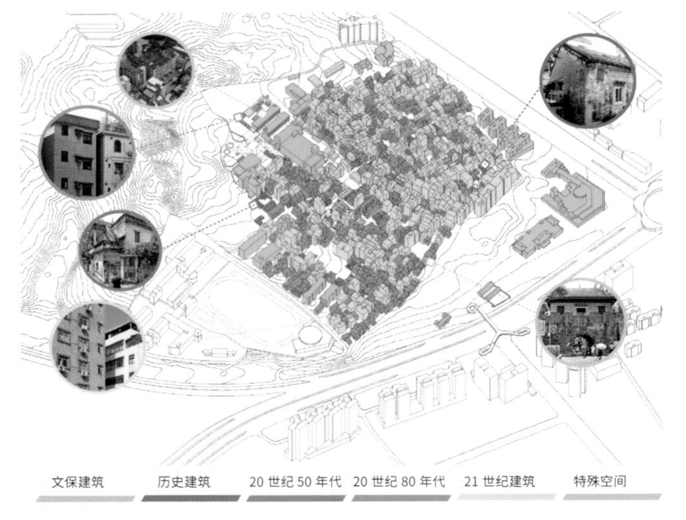

[南头古城建筑层积分类]

[改造前状态]

[南头古城设计理念轴测图]

2016 年初，都市实践介入南头古城保护与更新项目。设计团队认为只有尊重和保护历史的原真性，才能塑造一个本土文化历久弥新的城市历史文化街区；提出今日的南头是承载着千年古城历史且沉淀了深圳各个发展时期的空间、社会和文化遗产的“南头故城”，是深圳仅有的能将千年文化传承谱系与 30 余年中国高速城市化的过程全光谱式并置呈现的珍贵城市文化样本。

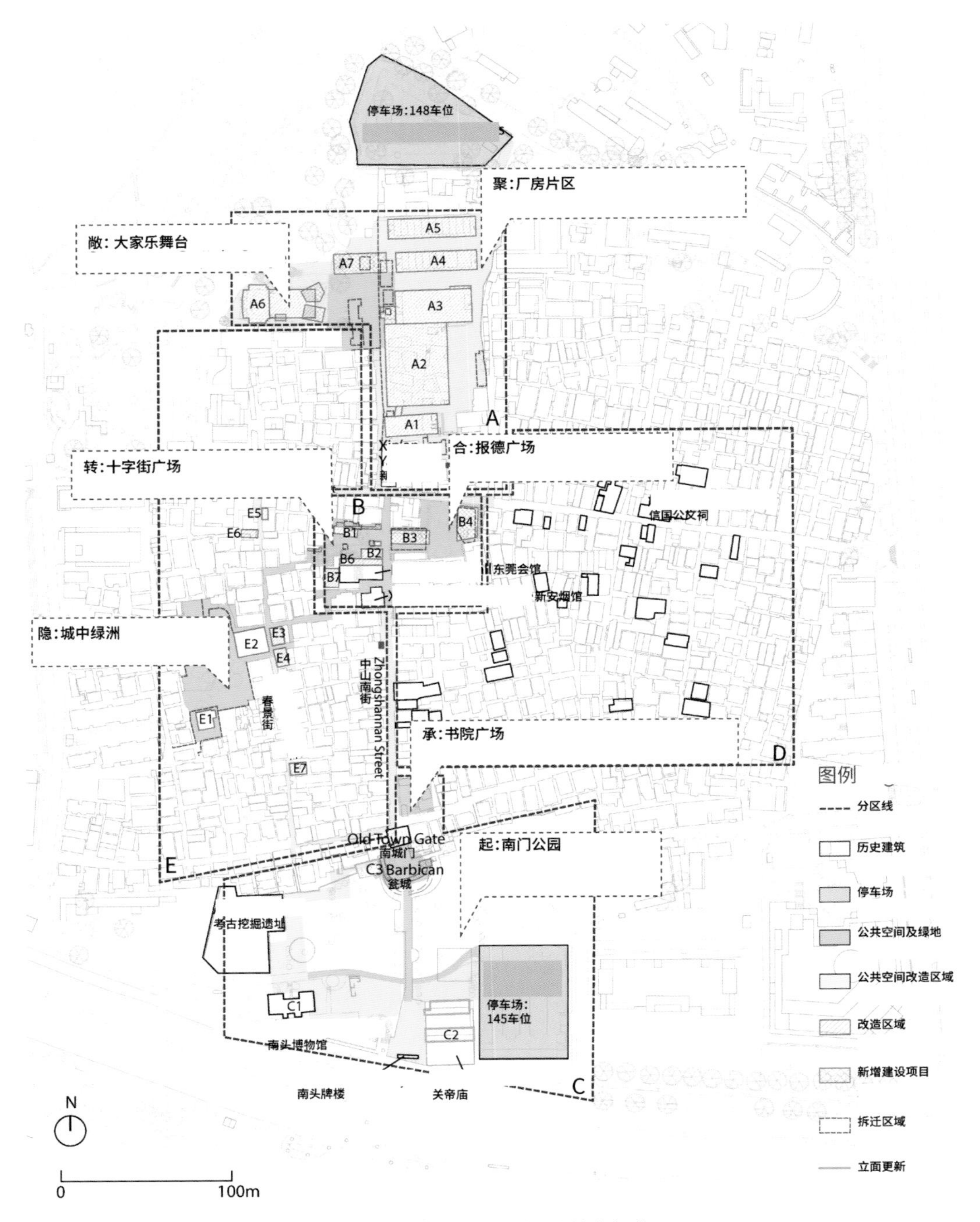

[2017 深圳双年展场地改造图]

01/ 南头古城改造前鸟瞰图

02/ 十字街片区轴测图

03/04/ 改造后的十字街片区鸟瞰图

05/ 公共广场

06/ 改造后的街景

设计师首先提出了以介入实施为导向、由点及面渐进式激活、以文化活动促进古城复兴的发展模式，之后又以策展人的身份适时引介“深港城市 / 建筑双城双年展”（以下简称“双年展”），主展场选址于南头古城。结合双年展展场空间的遴选条件，经过深入的历史文献和现场研究，设计师梳理出一条空间改造和展览植入高度吻合的叙事主线，尝试重建南头古城十分匮乏的公共开放空间系统。2017 双年展作为一次实质性的城市介入行动与古城再生计划深度合体。

[主展场轴测图]

“报德广场”：重塑古城中心

报德广场位于古城十字街中心。广场中有水磨石地面的篮球场曾是 20 世纪 70 年代南头公社的打谷场。设计师说服村里同意将广场边上两栋临时的商用铁皮屋改建为社区公共活动空间，并将两栋新建筑屋面演化为观景台阶，缓缓降至球场边，试图与周边建筑融合，同时呈现微妙的差异。它们和周边居民楼的无数窗口、阳台和屋顶共同营造出立体围合的城市剧场，人们在此或拾阶而坐，或休闲娱乐，上演一幕幕众生喧哗的城市戏剧。

03

04

05

06

07

01/04/ 改造后的报德广场

02/2017 双年展开幕式

03/ 从室内望向报德广场

05/06/ 从广场周边街巷看 B3 建筑内部

07/B3 建筑内部

创意工厂与集市广场

20 世纪 80 年代，深圳农村大量兴建工厂用于出租，这使村民收入提高的同时也带来了就业机会。南头工厂的建筑面积超过 1.4 万m^2，其将作为 2017 双年展的主展区。建筑外墙的水平带形窗、茶色玻璃、干粘石、白色瓷砖和彩色马赛克砖等都是 20 世纪八九十年代典型的材料样本。设计师对其都是尽量保留，仅以大幅壁画叠加在原有旧厂房墙面上，赋予其新的时间痕迹。厂房东侧广场上的一个临时铁皮棚架被拆除，代之以轻盈的透光天棚装置。设计师将中部厂房的首层打通，拆除部分围墙以连通西侧街巷、大家乐舞台和中山公园。厂房底层连接户外广场，形成开放街市，远期这里将成为新型创意生活区。

01/02/03/04/ 改造后的厂房区

05/06/ 厂房区室内

07/08/09/ 改造后的大家乐舞台

07

[大家乐舞台轴测图]

08

09

“大家乐舞台”，开放式小剧场

伴随着深圳的工业化快速发展，为满足年轻人业余文化生活的需求，深圳举城兴建“大家乐舞台”，这也见证了深圳早期的打工文化。设计师在现有钢屋架下方置入观众席，在提升观演设施及环境的同时，构建出非正式的表演空间；在屋架四周设置可升降的织物幕帘系统，幕帘起落之间，种种正式的和非正式的、室内室外的、演出集会的活动可在同一场所上演。作为双年展实质性介入城市改造的成果，“大家乐舞台”多种新的使用方式也将延续至展览结束后居民的日常生活之中。

2017 双年展为南头古城再生和城中村改造提供了一次另类实验的契机，都市实践以“城市策展”的方式介入城市更新，希望通过重塑古城文化和空间脉络唤起当地居民的归属感和环境自觉性，为深圳的城中村改造提供不同的范本。

黑石 M+

项目名称：黑石 M+
项目地址：上海市
用地面积：5 000 ㎡
设计公司：Lab D+H SH（上海迪沪景观设计有限公司）
摄　　影：鲁冰

拥有近百年高龄的黑石公寓及其公共空间迎来保护性修缮。设计本着尊重历史建筑原始格局及肌理的原则，采取适当规模、合理尺度的手法对其进行更新。该项目旨在对黑石公寓建筑及其狭窄的公共空间进行改造，并将其扩建为一个音乐主题公园，以上海原生植物打造里弄夹缝中的多维空间景观界面，实现新老建筑与社群文化的共生。

本次更新超越了简单改造，颇具实验意味，通过对建筑立面、墙体、边角灰空间的美化、利用，拓展出更多可能性。本次微更新更像是一次契机，狭窄空间成为新、旧对话的基础。历史传承与时代理念在此有机融合，共同谱写出充满活力与艺术气息的新公共空间，重塑有温度的社群生活。

01/ 改造后的园区街景

[改造前状态]

[黑石公寓历史照片]

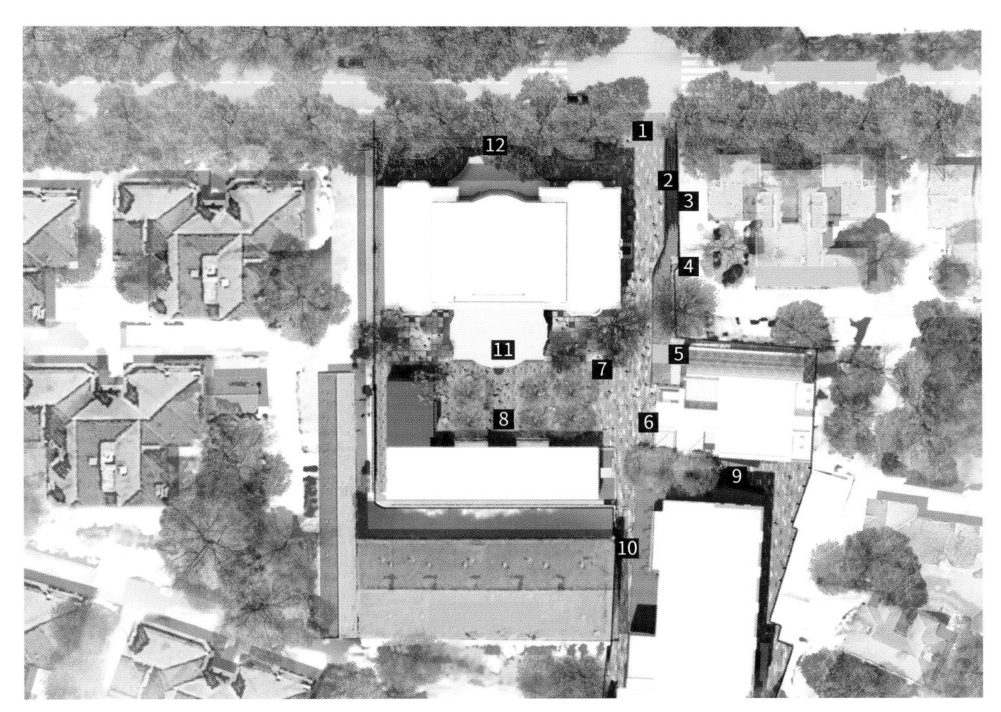

1 入口广场
2 音乐水景墙
3 景墙
4 瀑布喷泉
5 M+ 酒店入口
6 垂直绿化墙
7 树影花园
8 榉树广场
9 银杏花园
10 竹巷
11 黑石书店
12 宅前花园

[黑石 M+ 园区平面图]

场地背景

黑石公寓建于 1924 年，曾被誉为“中国最好公寓”。其身处法租界，与上海交响乐团所在地隔街相望。凭借着宏大规模、精巧设计以及丰厚的历史积淀，黑石公寓成为上海近代城市建筑的经典之作。

随着时代变迁，如今的黑石公寓内部和外部都显得有些破败。公寓底楼近年以城市文化客厅身份对公众开放，2 至 6 楼为居住及办公空间。

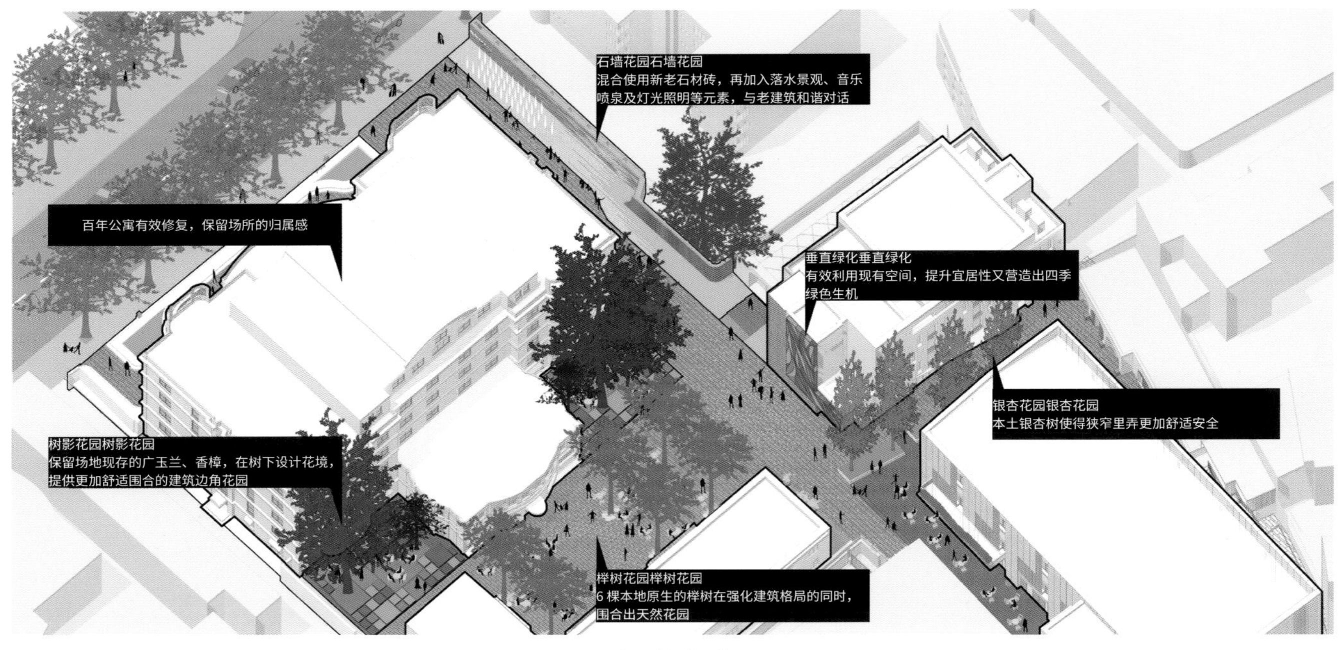

[设计概念图]

设计策略

该建筑独特的历史为本次更新带来了许多具体的问题，这些问题对于实现新与旧“统一”的目标至关重要：如何在狭窄街巷中开展景观规划，营造更多绿化空间？如何在修缮、更新老旧基础设施的同时提升雨水承载能力？在更新过程中如何保护原有建筑历史记忆与文化特质？老居民与新访客在互动中会建立起怎样的社群关系？这些皆成为本次实践任务需要着重思考、解决的问题。

随着其周边街区整体改造的实施，历经岁月沧桑的公寓终于迎来新生机，本次更新旨在围绕黑石公寓，创建以音乐为主题的黑石 M+ 园区。

01/ 改造后的园区街景

02/ 爬满绿植的墙面

街巷空间的景观设计

在景观设计格局上，设计师尊重地块历史风貌及原始肌理，一方面对建筑立面、墙体、边角灰空间等进行改善和更新；另一方面在保留原生植物基础上引入新植物，于狭窄街巷中创造出和谐的生态空间。

设计师修缮旧设施，保留场所归属感、认同感；巧妙运用隔离墙、石材肌理等作为全新的景观线索，再加入落水景观、音乐喷泉、柔和的铺装及灯光照明，让全新的设计语言与老建筑和谐对话，使二者各具特色的同时又相得益彰。

设计师恰当地布置精心挑选的植物，在狭窄的巷道中营造出和谐之感；将具有石材纹理的隔断作为墙面，给人带来全新的观感。落水景观、音乐喷泉、柔和的铺装和适当的照明成为整个优雅氛围的营造者。

03/ 以音乐为灵感的交响乐之墙

04/ 夜景下的景墙

05/ 迎来新生机的街区

设计师通过艺术与自然相融的手法，令不同元素之间形成全新的序列组合，使石墙花园、树影花园和榉树花园不仅起到有效改善人居环境的作用，更成为提升城市社交活力的功能空间。全新黑石 M+ 融合了不同业态，集艺术表演、居民休憩等功能于一身，白天商业化，夜晚社区化，开放共享的气氛令其成为居民、游客的互动新平台。

01/ 榉树花园夜景

02/ 榉树花园日景

03/04/ 入口艺术景墙

05/ 景墙细部

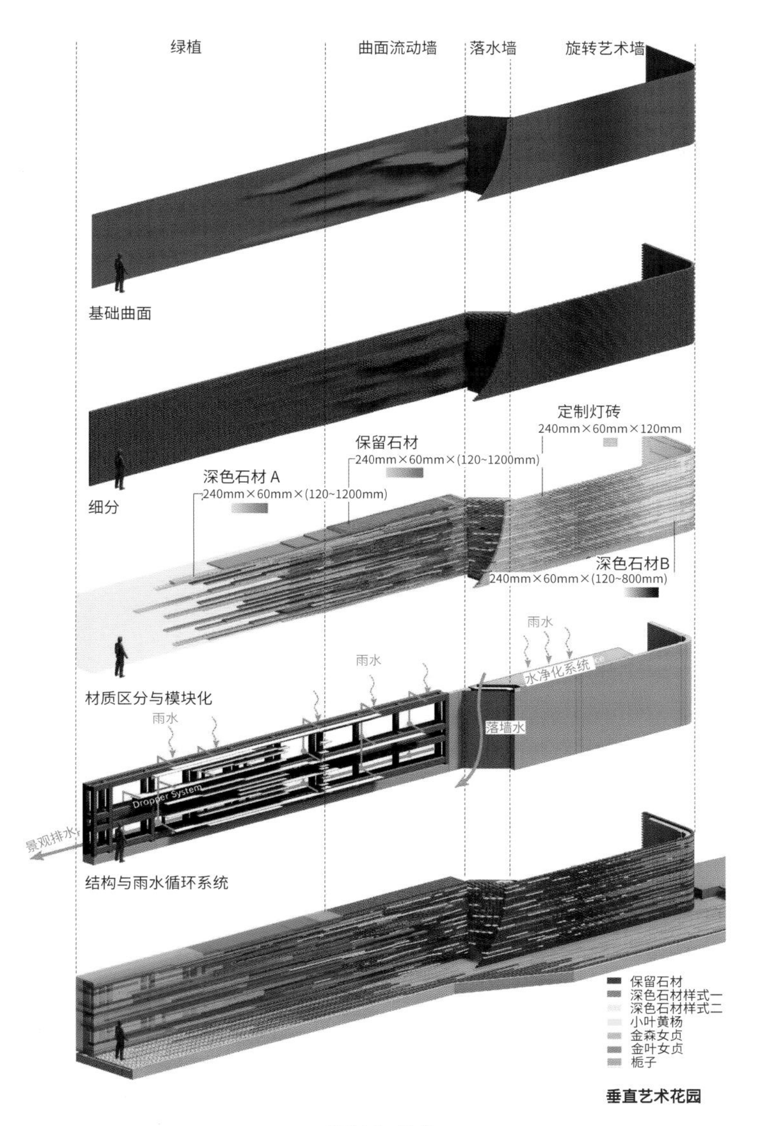

[景墙生成图]

交响乐之墙

设计师以音乐为灵感、深色石砖为元素，创造如交响乐般灵动独特的入口艺术景墙，与黑石公寓产生新旧对话。新老石材、绿植、灯砖等元素被艺术化地整合统一，在有限的空间里，新旧石块、植物、水景结合到极致。同时，设计师营造随光线变化的空间。

设计师以 grasshopper（一款可视化编程语言）算法对在 rhino（犀牛）模型中的曲面进行细分、模块化规整、标号、算量，结合剖面工具（犀牛建模插件），导出 55 张分层平面图并进行批量标注，辅以设计师的多次现场指导，确保钢结构、灯光、绿化、水景、墙体砌筑等多专业配合的施工得以顺利展开，并以不足 3 个月的时间保质保量地完成景墙主体的施工工作。

更生态的社区

营造生态社区是城市发展的必然需求。本案中雨水花园体系的加入为老社区带去生态型雨水利用的可能性。雨水花园作为一种经济有效的生态滞留渗滤设施，不但改善了该地块的雨水承载能力，更对可持续、低维护景观及环境美化起到了关键作用。

在植物景观方面，设计师在保留现场广玉兰、老香樟、鸡爪槭等全部乔木的前提下，将原生植物与新设计方案有机结合；根据生态适宜性原则，又加入本土银杏和毛竹等，不但保证了景观效果，还维护了场所固有的生态环境健康。

此外，大量花境系统被融入老树下的树影花园，6 棵造型独特的榉树围合出天然花园。设计师合理利用现有空间打造垂直绿化墙。本次景观更新结合了生态保护与美学需求，提升宜居性的同时又营造出四季常绿的景观，一举两得。

恢复历史空间节点

新设计回应了上海历史建筑街巷的空间叙事性，在狭窄的街巷里弄中创造出新的公共空间，迎合不同人群的全天候需求。老建筑的文化历史记忆被留存、唤醒，并以全新姿态绽放艺术文化个性，成为一个独具人文风貌、时时触动人心的存在。

01/ 雨水花园

02/ 儿童在社区玩耍

03/ 地面灯带细节

04/05/06/ 老树下的树影花园

南头古城活化与利用

项目名称：南头古城活化与利用
项目时间：2019—2022 年
项目地址：广东省深圳市
建筑面积：49 020 m²
设计公司：深圳市博万建筑设计事务所（普通合伙）
项目规划及设计管理团队：万科城市研究院、万路设计
集群设计其他团队：武重义、MVRDV 事务所、上海集合、都市实践、梓集、竖梁社、厘米制造、南粤古建、壹拾壹、坊城设计 FCHA、非常建筑 、南沙原创、如恩设计、TAO 迹、 香港郑中设计事务所（排名不分先后）
摄　　影：张超、行知影像

项目背景

南头古城位于深圳市南山区深南大道以北、中山公园以南，又名新安故城，始建于东晋年间，距今已有约 1 700 年的历史，是历代岭南沿海地区的行政管理中心、海防要塞、海上交通和对外贸易的集散地，也是粤港澳大湾区的历史文化源头。

古城在其历史沿革中经历了“迁海”“日军占领”“城中村抢建”3 次较大变迁，现有建筑约 1 100 栋，按保护等级及建成年代大致可分为历史文物建筑、清末民初风格建筑、20 世纪 50 年代风格建筑、20 世纪 80 年代水刷石材料建筑和现代建筑，现代建筑所占比例最大。目前古城呈现出各个历史时期的建筑相互交织、共生融合的状态。

01/ 南头古城南城门改造后

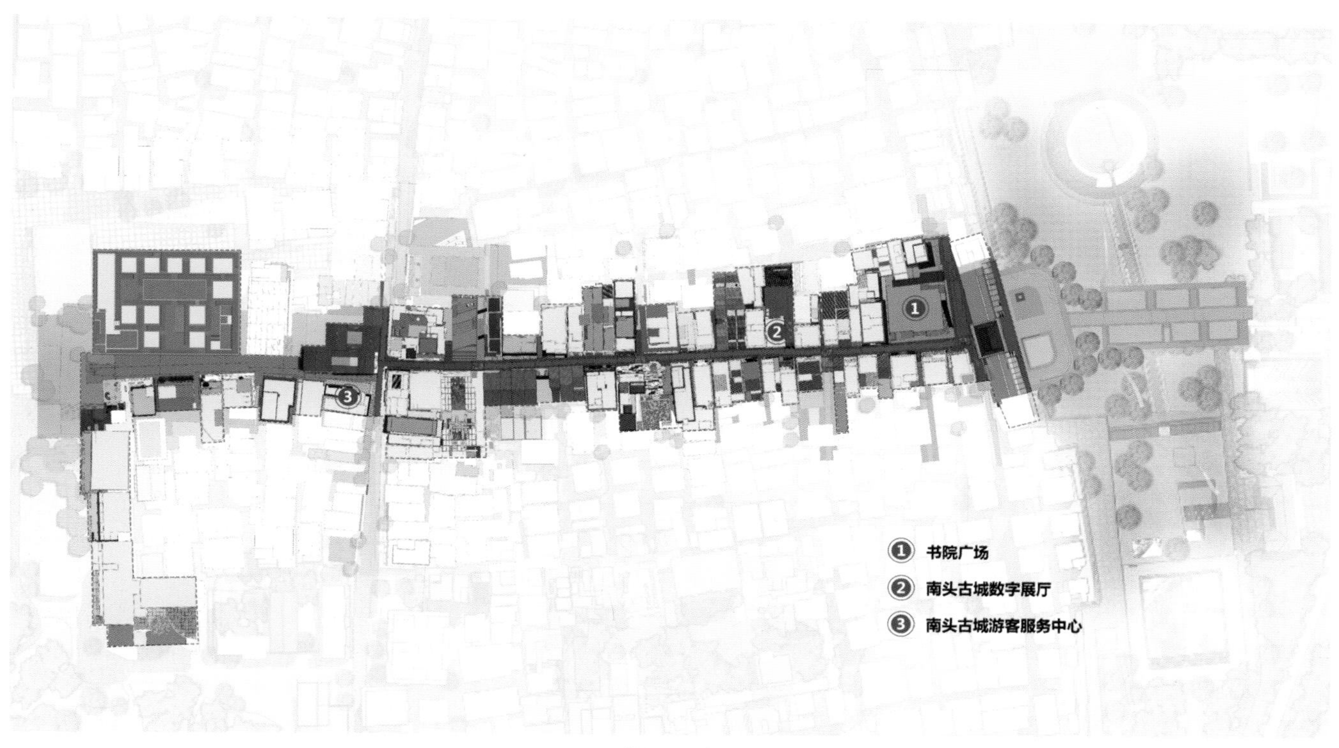

[总平面图]

改造策略

结合政府和市民对于古城的期待和前期的城市研究结果，设计师提出古城历史文化街区的风貌改造策略：从尊重历史原真性出发，对建筑风貌进行重新梳理，有机保留各个年代的文化积淀和历史记忆。

设计师对所有楼栋进行了现场踏勘，根据楼栋层数、现状风貌、结构状况和所处街区位置综合评判，分别给出适合的立面改造策略。建筑表达强调新旧材料、新旧元素的对话，因此，本设计通过控制现代材料的选择和应用比例，营造历史街区氛围，在近人尺度上以传统材料和传统元素为主，在适度保留城中村鲜活多样的历史记忆的同时，也带来面向未来的独特体验。

[北街改造前后对比]

［南街改造前后对比］

单体改造

在传统建筑方面，明清时期的建筑是传统建筑的最后一个高峰，呈现出形体简练、细节烦琐的形象。岭南民居是结合地域特征形成的一种地域建筑形式，其中又以广府民居最具代表性。2~3 层体量是这类建筑的理想层高，NT125、NT137、NT131 建筑采用青砖灰瓦、原始林杉木和菠萝格硬木等传统建筑材料，结合满洲窗、趟栊门、扶壁柱、岭南灰塑等传统建筑设计手法，整体形象端庄古朴，再现广府民居的精神风貌。

NT129

广州西关一带的花园洋房、上下九骑楼融合了满洲窗、骑楼、山花等中西方建筑元素，是岭南近现代建筑的代表。改造前的 NT129 建筑具有明显的上述特征，本次设计采用轻改造策略，在首层加入具有广府民居特色的琉璃花格砖，最大限度地还原建筑的原始风貌。

[NT129 改造前]

[NT129 改造后]

NT137

在 NT137 建筑中，玻璃砖的空灵剔透与青砖的古朴醇厚形成有趣的对话。

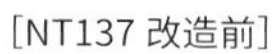

[NT137 改造前]

[NT137 改造后]

NT116、NT118（南头古城数字展厅）

10 层的建筑高度对平均宽度只有 2~3 m 的狭窄街区中的街道产生了特别强烈的压迫感，因此改造设计弱化了上部建筑的存在感，通过轮廓规整的干挂墙板、浅灰色主墙消隐建筑体量，铝合金窗框、花池、栏杆等细节使建筑简约而不单调。

［NT116、NT118 改造前］

［NT116、NT118 改造后］

NT99、NT112

设计希望改造后的建筑能与原有古建（文士华故居）产生对话，因此 NT99、NT112 采用浅色红砖片与之呼应，门头及阳台的浅色红砖贴面加上现代凸窗丰富了建筑表皮。

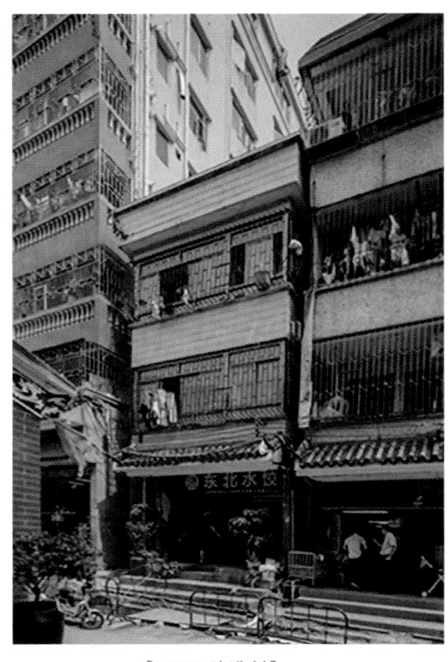

［NT99 改造前］

［NT99 改造后］

［NT99 改造后］

[NT112 改造前]

[NT112 改造后]

NT111

NT111 主体建筑采用水刷石材质，安装现代大玻璃窗，带来良好的采光和时代感。在细节处，设计师用古建栏河装饰阳台，白色铝格栅装饰顶板，用传统的纸筋灰装饰线脚，点缀立面，使得改造后的建筑既承载了历史文脉，又融入了现代精神，焕发出新的生命力。

[NT111 改造前]

[NT111 改造后]

[NT8、NT9、NT10 改造前]

[NT8、NT9、NT10 改造后]

[NT8、NT9、NT10 改造后]

[NT8、NT9、NT10 改造后]

NT8、NT9、NT10、NT23、NT29 游客服务中心

设计师将游客服务中心选在古街与现代街道的交会处，赋予其传统意识，并融合新的思想，使其在唤起人们过去记忆的同时，又不失当代性，并作为从历史街区进入现代城市的过渡性节点。

立面设计结合传统和现代材料，首层整合钛锌板、玻璃砖为基座，使之在近人尺度减少建筑体量带来的压迫感，两种材料做成的有力度的连续性墙面承载着历史的厚重；二层为展示空间，外墙搭配青砖与红砖，在识别度上与周边历史建筑相协调，红砖与青砖的建筑主体“悬浮”于精致的现代材料上，仿佛将传统建筑置于时间的长轴之上。

01/ 古城街道夜景

02/ 古城街道日景

03/04/ 改造后的街道

05/ 南头古城鸟瞰图

苍霞“海月江潮”历史街区保护与城市更新

项目名称：苍霞“海月江潮”历史街区保护与城市更新
项目地址：福建省福州市
建筑面积：约 106 000 ㎡
设计公司：上海骏地建筑设计事务所股份有限公司
摄　　影：是然建筑摄影

福州作为百年前舟楫往来、包罗万象的通商口岸，苍霞历史街区的保护与更新着眼于传承其独一无二的“码头精神”文脉，从城市设计的角度创造一种动态可发展的“有温度”的空间。

苍霞的街巷自下而上生长变化，经过百年发展，整体的街巷体系与空间尺度都被延续下来，无论是交通活跃度还是地区可达性都十分优越。

01/ 项目鸟瞰

[改造前状态]

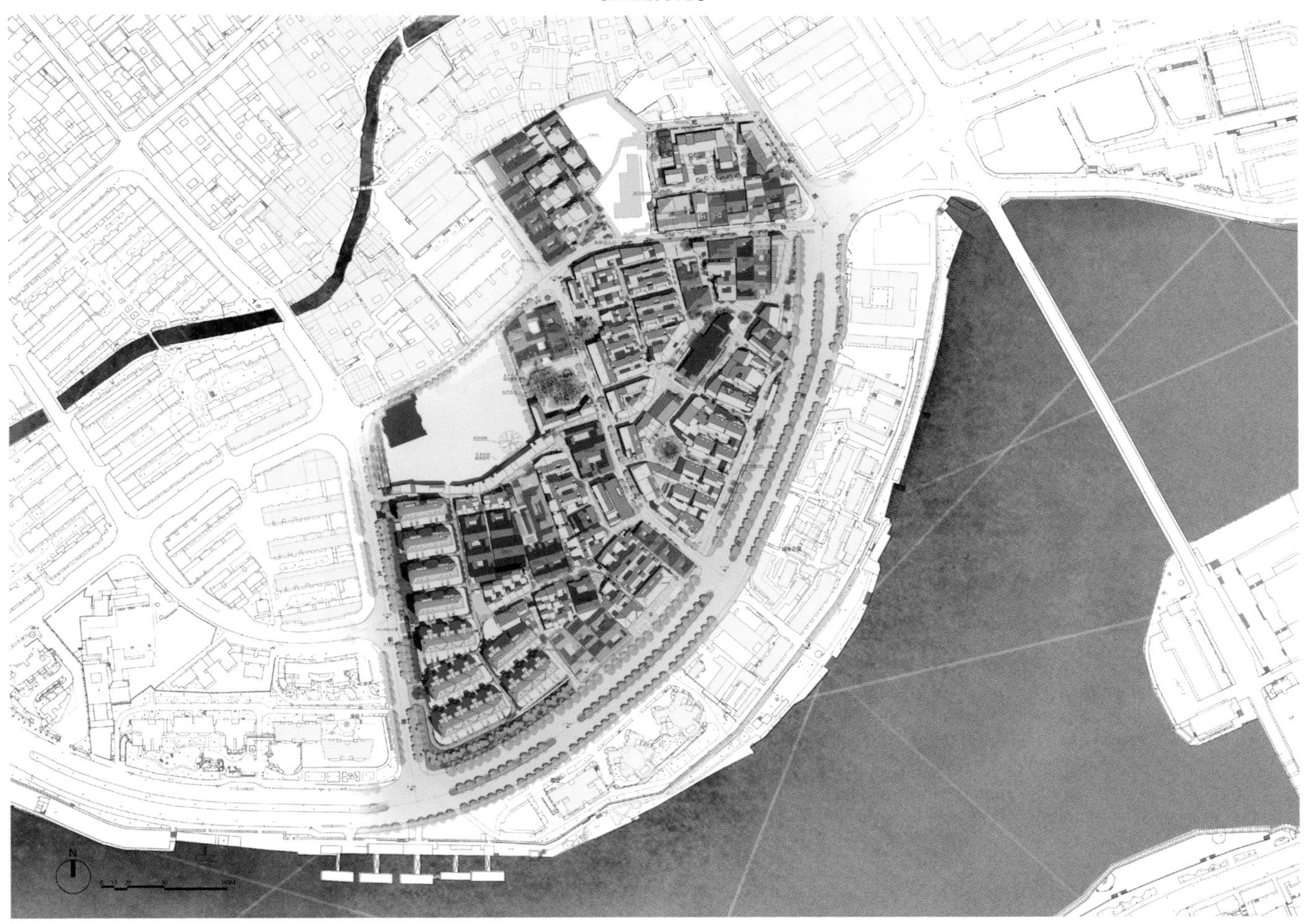

[总平面图]

[平面分析图]

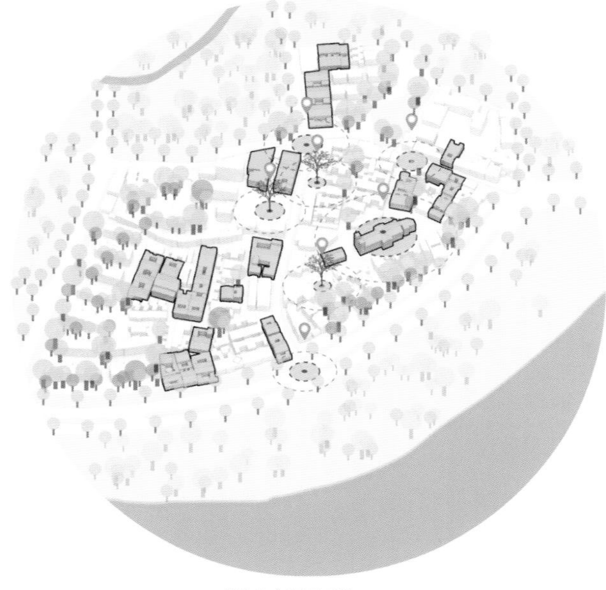
[节点空间改造]

织补肌理

在本次保护与更新的方案中，设计师提取了原有空间形态和尺度，并延伸了新的毛细血管街巷，织补网络肌理、传承街巷脉络，使该空间的商业适用性得到了传承和提升，让这个片区域被充分激活。

01/ 中平路日间街景

02/ 中平路夜间街景

03/ 首开区鸟瞰图

[中平旅社改造前]

[中平旅社改造后]

[中平路 63 号— 65 号改造前]

[中平路 63 号— 65 号改造后]

[德镜路 4 号—中平路 84 号改造前]

[德镜路 4 号—中平路 84 号改造后]

[首开区沿街商铺改造前]

[首开区沿街商铺改造后]

多样拼贴

自开埠以后，苍霞的人文百态、多元阶层彰显了它的包容性，空间形态也呈现多样化发展。柴栏厝、院落、校舍、仓库、店铺、教堂等各类建筑空间散布其中，拼贴成一幅多彩、繁荣的社区景象。

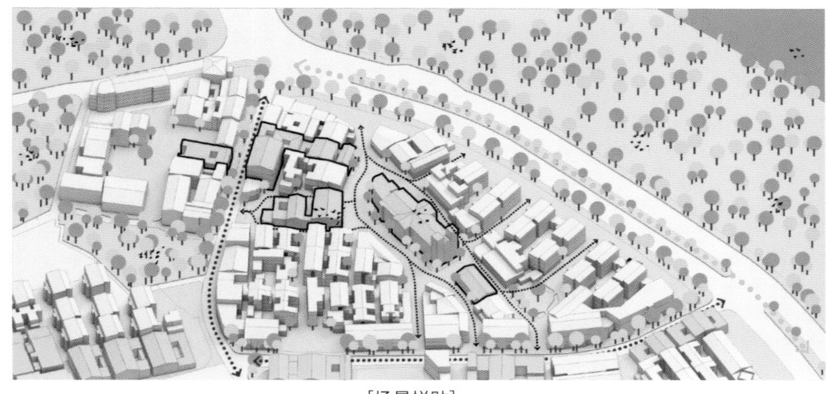

[场景拼贴]

[首开区南侧鸟瞰图]

为再现苍霞基督教堂“玉带环腰”的意境，设计师用镜面 + 浅水的方式环绕教堂设置景观带，映射周围的街道屋舍、往来行人；用景观互动的设计手法，在相同的位置与历史产生微妙的重叠。

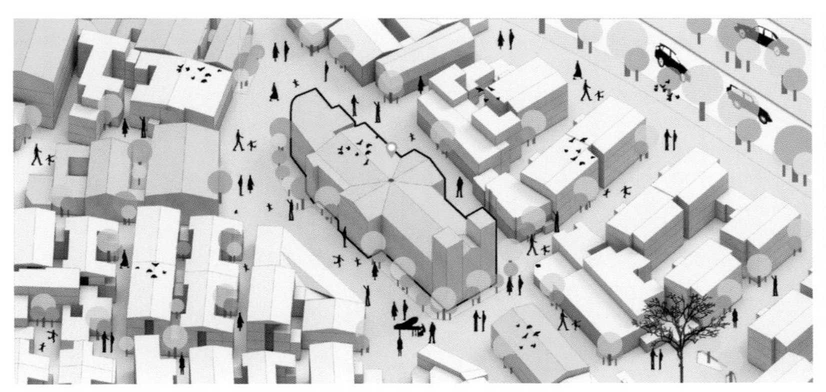

[场景拼贴之教堂前广场]

[在首开区西侧鸟瞰解放大桥]

同时，本设计把苍霞原有的人文元素，如古榕树、茶亭、戏曲等融入现代社会的语境下，使宁静的居住环境与热闹的商业氛围和谐共存、人文体验与自然景致兼收并蓄。

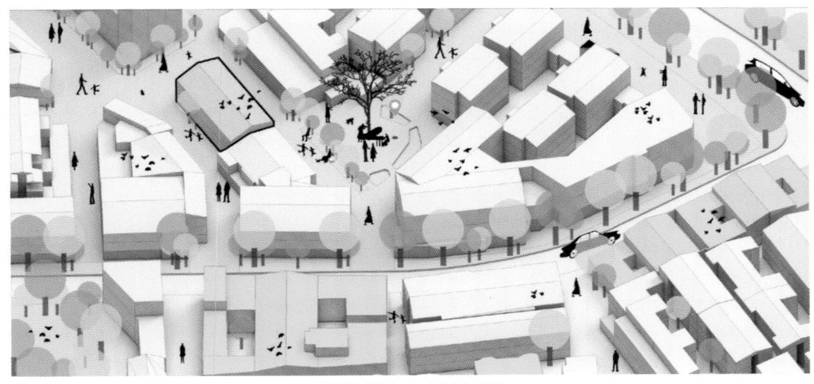

[场景拼贴之古树广场]

[德镜路 4 号前院]

在纵横的街巷和密集的肌理之中，设计师设置了不同尺度的公共开放空间，如同针灸一般，在维护原有场地形态的前提下，对空间进行不同程度的点状激活，为人们提供更多大小合宜、功能多样的共享场所。

新旧共生

苍霞蕴含的文化本就是不同时代的文化共生交叠所积淀下来的，因此设计师采用“城市拼贴”手法来处理新旧建筑的空间关系。设计师想呈现的既非强调结果的“现代化街区”，也非追溯源头的“古建保护区”，而是想通过富有时代感的重组整合，让城市的历史结构参与到当下与未来的城市发展中。

01

02

03

04

01/ 中平路 87 号（左）与新建首开区（右）
02/ 中平路 87 号（右）与新建首开区（左）
03/ 新建首开区（左）与苍霞基督教堂（右）
04/ 新建首开区一角
05/07/ 新建筑的院子
06/ 老建筑的室内
08/ 老建筑的天井

深圳蛇口东角头地铁站公园

项目名称：深圳蛇口东角头地铁站公园
项目地址：广东省深圳市
景观面积：3 400 ㎡
设计公司：深圳奥雅设计股份有限公司
摄　　影：韦立伟、上官静煊、林涛

城市拥有的不该是冰冷的建筑、呆滞的空间、陌生的人群，而应该是定格记录我们过往喜怒哀乐的空间。东角头地铁站公园（以下简称东角头公园）就是这样一个地方。过去，在很长一段时间内，人们对蛇口东角头地铁站公园的印象只是一片无人问津的“消极荒地”，而现在它成了人们念念不忘的“欢乐场”，承载着许多美好的记忆。

人们常说深圳是一个小渔村，这里所代入的深圳其实是蛇口。东角头公园位于亟须更新的蛇口老街区域，这里一边是历经 40 多年改革开放洗礼的蛇口老街，一边是摩登时尚的现代蛇口。

01/ 人们在公园里休闲娱乐

[改造前状态]

项目场地原为一片简单的地铁口绿地及垃圾堆放场，交通不畅、界面脏乱、环境拥挤、配套不足、人群复杂。面对这些场地难题，设计师以渔村文化为出发点，希望将东角头公园打造成一个承载美好记忆的场所，为街区不同社会背景的人们提供一个方便使用的公共场所。

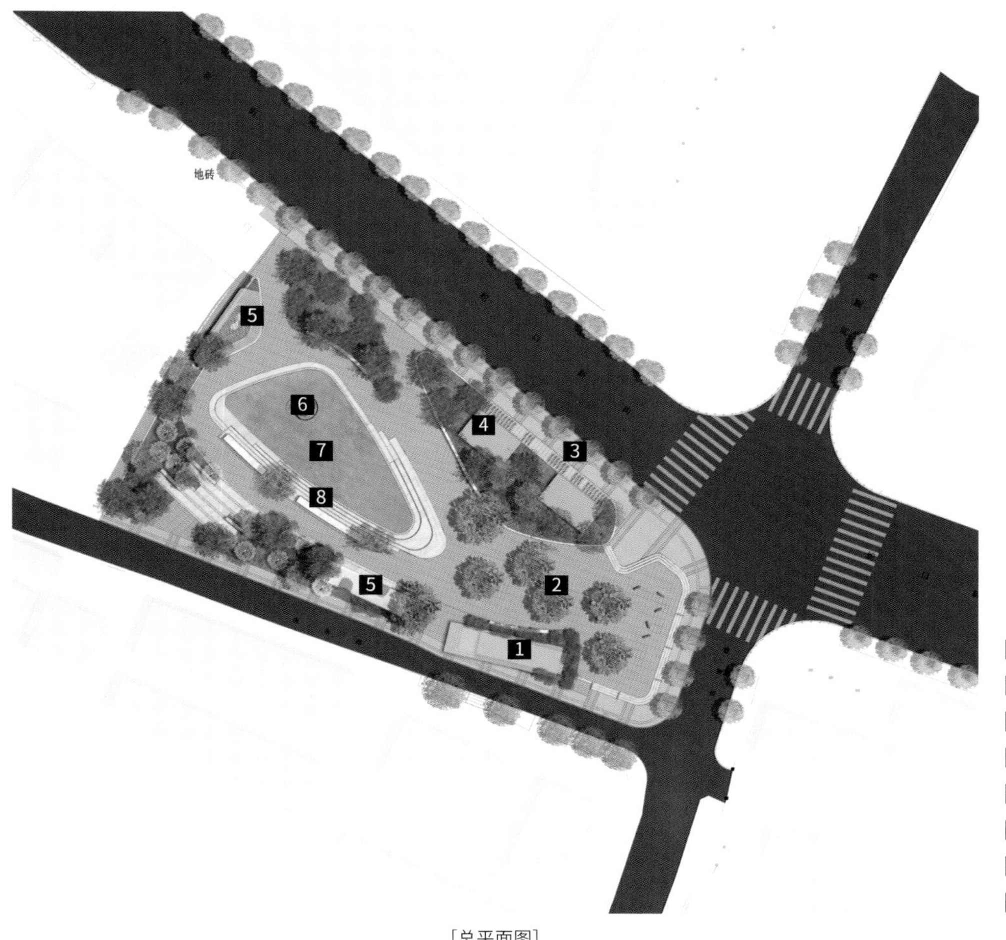

01 地铁出入口
02 广场
03 市政人行道
04 地铁风井
05 廊架
06 景观雕塑
07 下沉草坪
08 景观台阶

[总平面图]

分享城市空间情绪

因人与城市有了各种各样的互动，所以城市被人赋予了情感。开放的空间更具有包容性，在本项目中，设计师设置了 5 个公园出入口，场地仿佛以一种邀请的姿态，邀请每一个人进入，分享城市空间的情绪。

为追溯“渔村”的记忆，设计师在地铁路口的一侧进行设计，致敬了古老的村头——一方场坝，一棵大树。在纷繁复杂的城市化进程中，人来人往的新老社区之间，无论你是否赶得上“时间就是金钱”的高速列车，这里都有一方充满时光记忆的净土供你停留。林荫下老人们闲聊享受，城市空间里冷漠的关系渐渐变得柔软。

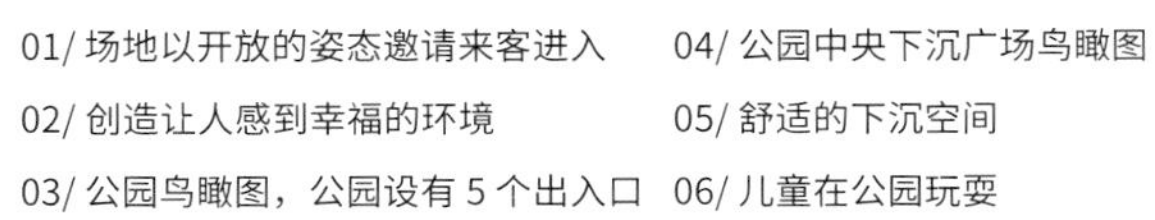

01/ 场地以开放的姿态邀请来客进入
02/ 创造让人感到幸福的环境
03/ 公园鸟瞰图，公园设有 5 个出入口
04/ 公园中央下沉广场鸟瞰图
05/ 舒适的下沉空间
06/ 儿童在公园玩耍

04

05

06

稠密城市中的呼吸空间

东角头公园连接着城市与生活，是一处极易被忽略但又十分重要的公共区域，来来往往的各色行人给城市增添了许多色彩。位于公园中央的下沉空间是周围稠密拥挤环境下的一方“呼吸”之地，设计师以化繁入简的设计手法解决了地铁上方复杂的荷载、管线设备等问题，还给周边提供了一个舒适的社区空间。

01/02/ 公园为人们提供更多活动场所

03/ 儿童在公园玩耍

04/05/ 下沉广场夜景

06/ 下沉广场阶梯灯带细节

下沉草坪的中央雕塑形体复杂，为了实现莫比乌斯环“多个平面交错连续”的设计概念，设计团队运用参数化设计工具进行了推敲。雕塑上镂空雕刻了“湾厦”字样，镌刻了“与蛇口一起成长”以及与蛇口发展相关的重要年份的字样，成为社区历史的见证。

07/ 下沉广场中央的雕塑

08/ 雕塑背面

09/ 雕塑细节

南侧的廊架在设计之初就已经确定采用非标准化的设计手法，使用复杂曲面、流线型的设计，采用参数化设计工具，创造了具有时代精神的公共景观建筑小品。东角头公园的建成为这片蛇口老街带来了全新的活力。现代科技的引入让老旧城区焕发出全新的精神面貌，如同蛇口，一半是历史，一半是开拓，以时代弄潮儿的角色始终勇往直前。

001/ 参数化设计的廊架
02/ 廊架下的休憩空间
03/04/ 地铁风井侧面肌理细节
05/07/ 方便使用的公共场所
06/ 六角形的坐凳不易积水
08/ 场地另一侧的休息亭
09/ 廊架内部
10/ 公园休闲场景

03

04

地铁风井侧面图案的设计灵感来自鱼群肌理，这些肌理是诉说蛇口渔村历史记忆的窗口。轻质铝扣板与茂盛的垂直绿化区域创造了柔软的城市边界，为城市界面提供了一抹亮丽的绿色。

05

06

07

08

09

10

东角头公园为生活在周边拥挤环境中的老旧社区居民以及来自五湖四海的“深圳人”创造了一个工作生活两点一线外富含意义的第三空间。这里，不再是人情疏离的冷漠空间，每一个来到这个社区的人都能充分感受到属于这片街区的认同感与温情。

每一个初来乍到的异乡人都深切需要那种发自内心的认同感。硕大的城市，街角的公园，这里不仅给周边居民的生活带来积极的影响，也成为居住在附近的奥雅设计首席设计师李宝章先生的日常打卡点，他说：“我就在这里工作，我下班走到东角头再走回来，正好一万步，我管它叫‘我的一万步公园’。”

与生活在周边的市民一样，奥雅设计也是这个社区的一员，非常荣幸能够以自己的力量参与社区的建设、见证公园的改变和城市的成长。这些微小设计在点滴间改变了人们的生活，让城市生活变得更加柔软，邻里之间的关系更加亲近。设计团队为能让每个人在这里找到属于自己的一方天地而感到由衷的幸福与骄傲。

东山少爷南广场社区公园改造

项目名称：东山少爷南广场社区公园改造
项目地址：广东省广州市
景观面积：898 ㎡
设计公司：哲迳建筑师事务所
摄　　影：吴嗣铭、方斐、彭铭钧、王懿楠

东山少爷南广场位于广州市越秀区东山口非常独特的位置，一直以来都是东山口商业活力轴与居民生活轴的交会点，也是公交站点的始发点与终点，更是人们搭乘地铁前往新河浦历史保护片区必经的城市公共节点。

东山少爷南广场 2000 年曾经历过一次整饰翻新，20 多年过去了，这里的植物依旧绿意盎然，但广场整体的使用品质低下，使用人群单一，公共设施维护不到位，成为卫生黑点与治安盲区。

[历史保护片区中的城市公共节点]

[改造前状态]

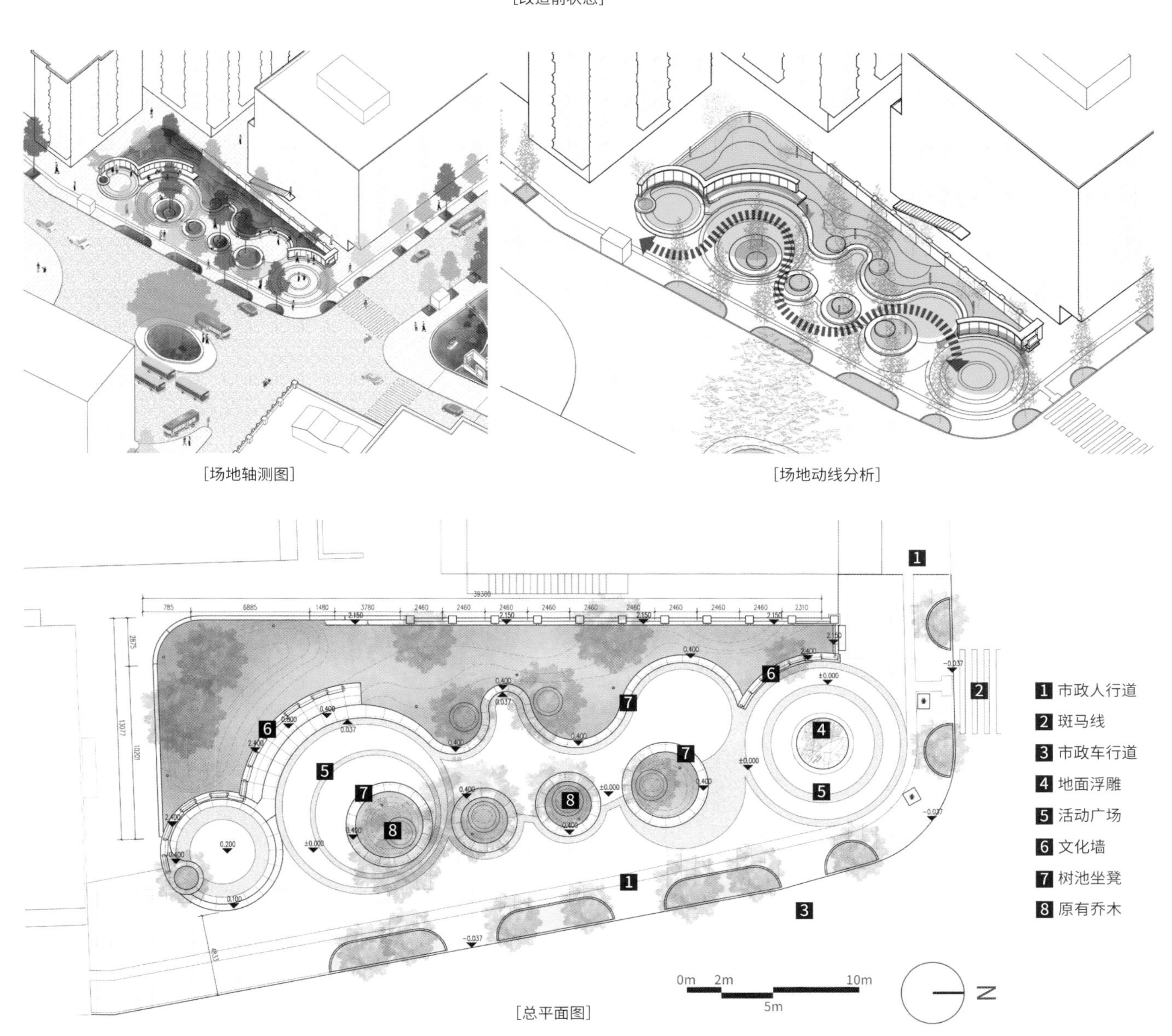

[场地轴测图]

[场地动线分析]

[总平面图]

本次提升改造的目标是令更多的社区居民像使用自家客厅一般使用这个公共场所，既自在又自豪，同时吸引更多的外来游客通过游览广场了解广州东山的地域文化。最终，随着使用人群的增加与多元化，这里将激发活力，真正激活从一个社区公共节点到下一个社区公共节点的能量传递环。

东山少爷南广场的景观与人物共同构成了一幅幅立体的、随时间变化的空间画面，其中树木起到了非常重要的空间限定作用。小叶榄仁枝干分明、叶片不重叠的特性令阳光有层次地透过，斑驳地撒落于地面。人在下部活动，视线通畅。光线经过叶子的过滤形成自然、美丽的斑驳图案，一份舒适而静谧的感觉油然而生。

01/ 林下休憩的人们

02/ 局部航拍俯瞰图

03/ 场地流线由枯燥的直线变为更富有探索性趣味的曲线

04/ 场地上人们独自休闲，三两成趣

05/ 城市家具围合出小剧场

06/ 周边环境与公园形成生动的城市生活图景

东山少爷南广场原有良好的树木遮蔽形成稳定的空间感，但缺少让人坐下来与之静静相处的层次——草地。该广场的草地不处于人的脚底，而是“浮起来”的，跟人的坐高一致。使用者坐下时，因为没有靠背，也因为树池尺度，会无意识地向后靠，触碰到草坪。

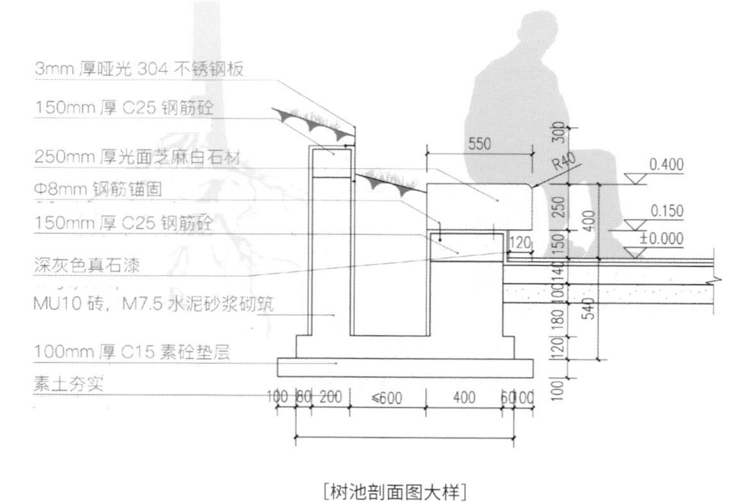

[树池剖面图大样]

为了让使用者更关注草坪的存在，设计师刻意分出另一个高程，把草坪“托举”在亮眼的不锈钢圈上，精致地“捧”到了人的眼前。设计师还额外关注到草坪在日夜更迭中的场景变化，夜幕降临，景观照明光晕越发明显，一滩一滩自然地散落在弧形的坐凳上。下班高峰时段过去，城市节拍慢下来，逐渐放下忙碌心情的人们放缓脚步，在这里享受片刻惬意，享受暖光下草坪给予的温柔。

01/ 树木遮蔽形成稳定的空间感

02/ 视线通畅的林下空间

03/ 阳光有层次地透过，斑驳地撒落于地面

04

05

06

场地上部疏透的绿色叶片与光线组成的图案一直是设计师想重点呈现给市民的美好景象。一道光带，一片剪影，一丝灵动……最终设计师把目光聚焦在既可作为坐凳又可作为花池围挡的城市家具上。地上人们或独自休闲，或三两成趣，低声交谈。空间的流动感、人的离散感及区域的限定感一并构成了既矛盾又互补的场域变奏曲。这种自然的变奏与几何线性的形式语言似乎有先天的匹配优势，流畅自然又生动有趣。

城市家具在树荫构建的空间场景中更像是在弥补低区的空间功能，而不是单纯的传统意义上的作为一种使用功能存在。它们既是坐凳，也是树池；既是开放的公共城市家具，也是空间围合道具；既是如“栏杆”般对行走的限定元素，也是孩童可以踩踏奔跑的“赛道”。光洁的质感与弧线的形式语言相搭配，形成一条浮起来的光影彩带，为原本安静的场所添加了一笔曼妙。

01/02/ 孩童在游戏

03/04/ 社区的历史文化展墙

05/ 景观照明光晕自然地落在弧形坐凳上

06/ 孩童可以踩踏、赛跑的“赛道”

07/ 夜晚休闲的人们

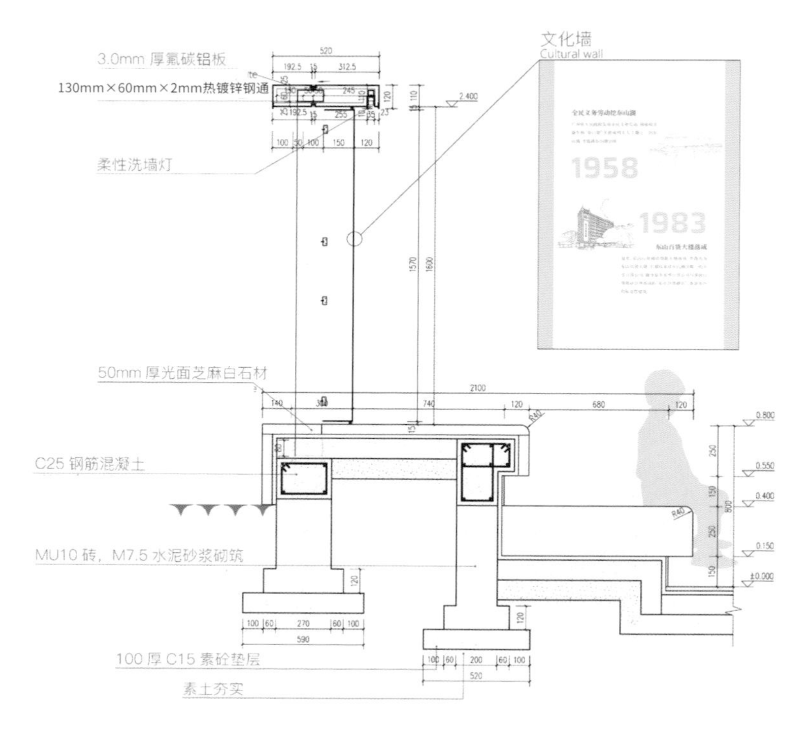

[冲孔板景墙剖面大样]

05

06

07

场地的模样显然不是设计师空想出来的，而是场地使用者自发地构成了它的初始基因，设计者与管理者合理地添加多种元素，置入时间变量，并加以长期维护，共同监督引导出来。这样的场地才会在改造后获得市民长久的喜爱，发挥出除了美以外更契合未来城市发展变迁的多元功能。

徐汇跑道公园

项目名称：徐汇跑道公园
项目地址：上海市
景观面积：约 0.15km²
设计公司：Sasaki（佐佐木建筑师事务所）
摄　　影：一勺摄影

［改造前状态］

徐汇跑道公园是一个反映上海城市发展史的创新城市复兴项目。占地约 0.15 km² 的场地位于徐汇滨江这个旧工业区，其前身是 1949 年前上海唯一的民用机场——运营超过 80 年的龙华机场的跑道。这条混凝土跑道修建于 1948 年，长 1 830 m、宽 80 m，直至 2011 年机场关闭，其承载飞机起降的使命才正式宣告结束。

公园设计效仿机场跑道的动态特质，采用多样化的线性空间将街道和公园组织成一个统一的跑道系统，满足汽车、自行车和行人的行进需要。虽然所有的空间都是线性的，但设计师采用不同的材料设计了不同尺度的空间，并结合地形设计了不同的活动项目，以创造多样的空间体验，因此，徐汇跑道公园成为承载现代生活的跑道，在都市环境中为人们提供了一处休闲和放松的空间。

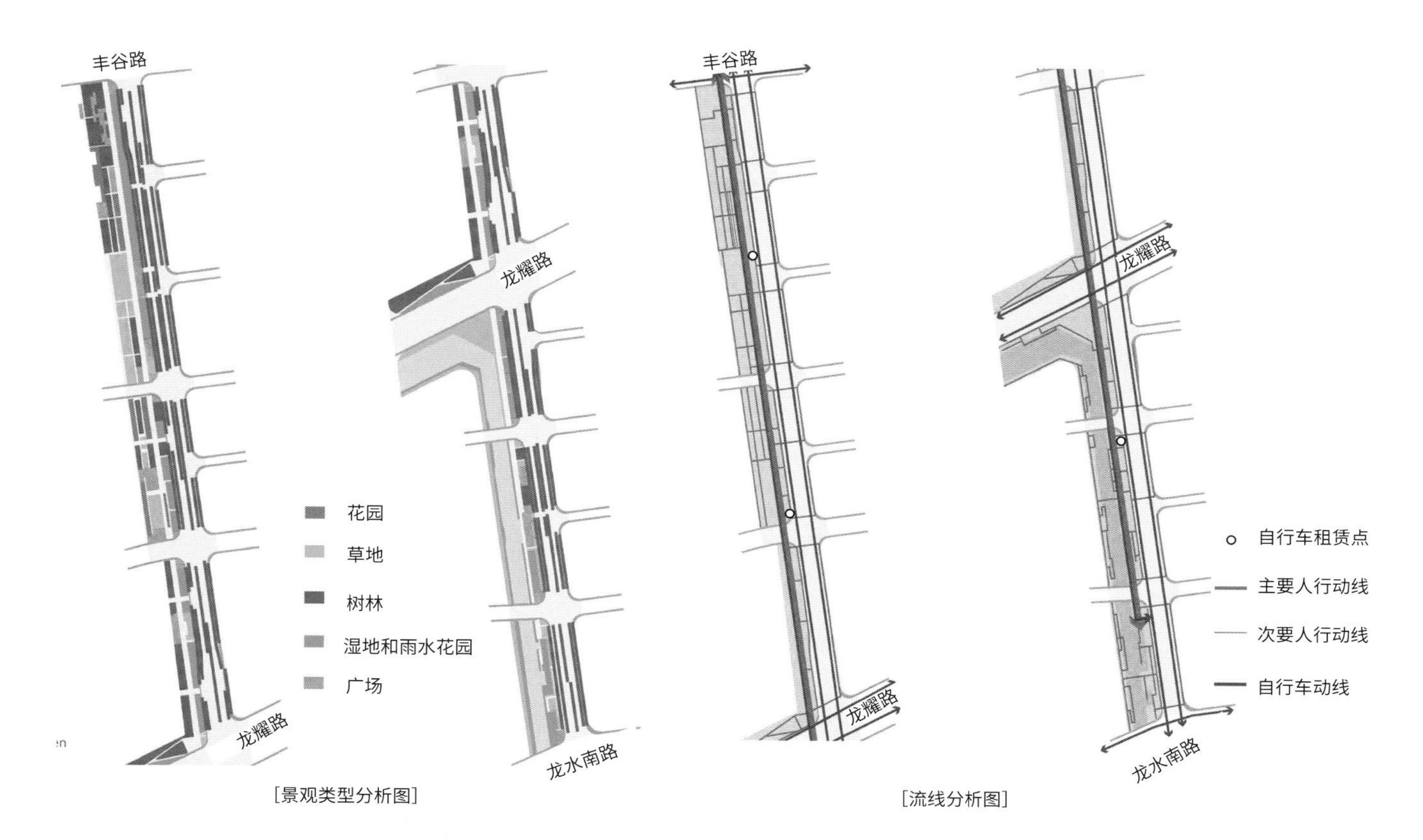

[景观类型分析图]

[流线分析图]

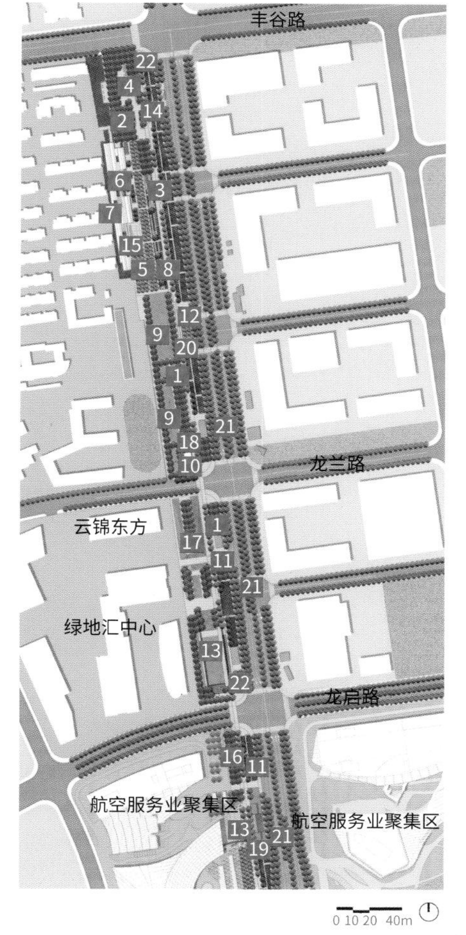

[总平面图]

1 都市跑道
2 观鸟园
3 儿童活动场地
4 活动广场
5 果林
6 蝴蝶花园
7 公共服务建筑
8 四季花园
9 草坪和雕塑花园
10 广场
11 雨水花园
12 互动喷泉
13 下沉花园
14 遮阳棚
15 跑道喷泉
16 树阵
17 草坡地形
18 售卖亭
19 银翼喷泉
20 花树林
21 林荫大道
22 自行车租赁点

01/ 城市生活的跑道

02/ 儿童游戏场

03/ 社区花园

04/ 亲水露天剧场

05/ 观鸟林健身

跑道公园的设计还迫切需要穿越时空，在现代城市肌理之中留下一抹往昔的记忆。设计尽可能地保留了原有机场跑道的混凝土铺面，并重新利用破碎的跑道混凝土块建造新的园路、广场以及休息区等。公园内许多空间的设计都旨在带人们体验乘飞机时上升、下降的感觉，不仅向访客展现了基地作为机场跑道的历史，同时也为人们感受场地提供了多种视角。

06/ 连接地铁与商业区的下沉广场

07/ 模仿飞机上升、下降的花园小径

08/ 用本地植物营造的四季花园

09/10/ 历史跑道的混凝土碎块的重新利用

01

02

03

在道路设计中，设计师通过控制车行道的宽度，鼓励人们使用公共交通工具而不是私家车，来保持紧凑的城市中心区的感觉。此外，6 行落叶行道树沿人行道、自行车道以及机动车道种植，形成绿化隔离带，创造了舒适、景观多变及具人性化的林荫大道。地铁站和相邻开发地块之间的下沉花园改善了人们来往于不同地铁时的空间体验，同时增加了公园的空间层次。

01/ 紧凑的街道和自行车道

02/ 公园俯瞰图

03/ 新的生活交流空间

04/05/06/07/08/09/ 本地植物构成的多样花园

10/11/ 水生动物栖息地

与景观功能相结合，公园里全部使用长江三角洲本土植物品种，创造多样的陆生和水生动物栖息地。设计师通过观鸟园、果林和多种多样的花园营造了优美的陆生环境，湿地、软质驳岸与浮动湿地模块组成了健康的水生环境。

对机场来说，照明最为重要，为纪念基地的航空历史，设计师对基地的灯具做了精心的处理。沿跑道布置的点状地埋灯不仅标示出昔日的跑道，而且也是公园的标志性视觉元素之一。发光的扶手、座椅、架空步道一起为功能空间创造出视觉边界。所有的灯光都避开了动物栖息地和夜行生物的活动区域。

01/ 历史跑道的新生

02/ 林荫空间——人的跑道

03/ 暮色中的公园

本项目设置了 5 760 ㎡ 的雨水花园和 8 107 ㎡ 的人工湿地来管理云锦路和公园的地表径流。基地北面的地表径流流经公园中的雨水花园后排放到河道中，南面的径流则经过一系列前池湿地过滤后排入河道。用以减缓流速的前池与植被覆盖的湿地相结合，有助于减少道路径流中的悬浮颗粒物和污染物。整个场地的雨水径流最终经机场河排入黄浦江。

04/ 街边雨水花园

05/ 前池与湿地

06/ 雨水花园中的木栈道

杨浦滨江公共空间二期设计

项目名称：杨浦滨江公共空间二期设计
项目地址：上海市
景观面积：67 000 ㎡
设计公司：上海大观景观设计有限公司 + 原作设计工作室
摄　　影：金笑辉

背景与挑战

基地位于上海母亲河——黄浦江的两个轮渡站之间，属于杨浦滨江南段二期，拥有近 1.2 km 长的水岸线。大约一个世纪前，杨浦滨江沿线就已经有了服务于上海的电厂、自来水厂、煤气厂等市政设施，除此之外还有大量与纺织和制造相关的工厂，十分繁华。

工业发展持续促进了周边产业相关人口的增加以及大量居住区的建设。随着改革期的产业转型，多数工厂关闭或外迁，但大多数居民因习惯了熟悉的环境，选择留下，如今杨浦区的人口密度已经超过 2 万人 /km^2，社区老龄化趋势也开始显现，人们对公共开放空间的需求更为迫切。

然而，后工业时代遗留下的空置工厂建筑与废弃码头阻挡人们走近江边，也切断了沿江而行的步行动线。另一个大的挑战是防汛体系。基于上海是一个人口超过 2 000 万的高密度城市，黄浦江两岸建筑执行了千年一遇的防汛标准，防汛墙顶部要比周边地坪高出 2~3 m，导致人们无法看到江面。

2015 年，上海发起了一个三年计划，以实现中心城区黄浦江岸线的全部贯通，创造一个连续的公共开放空间。在杨浦滨江，这一工作由上海市黄浦江岸线杨浦段综合开发领导小组办公室负责协调，包含土地的置换与相关谈判、规划与导则的编制以及项目的建设管理。在更早的 10 年前，本项目设计团队就已经开始配合项目前期的分析与研究工作，并将结果作为最终设计的依据。

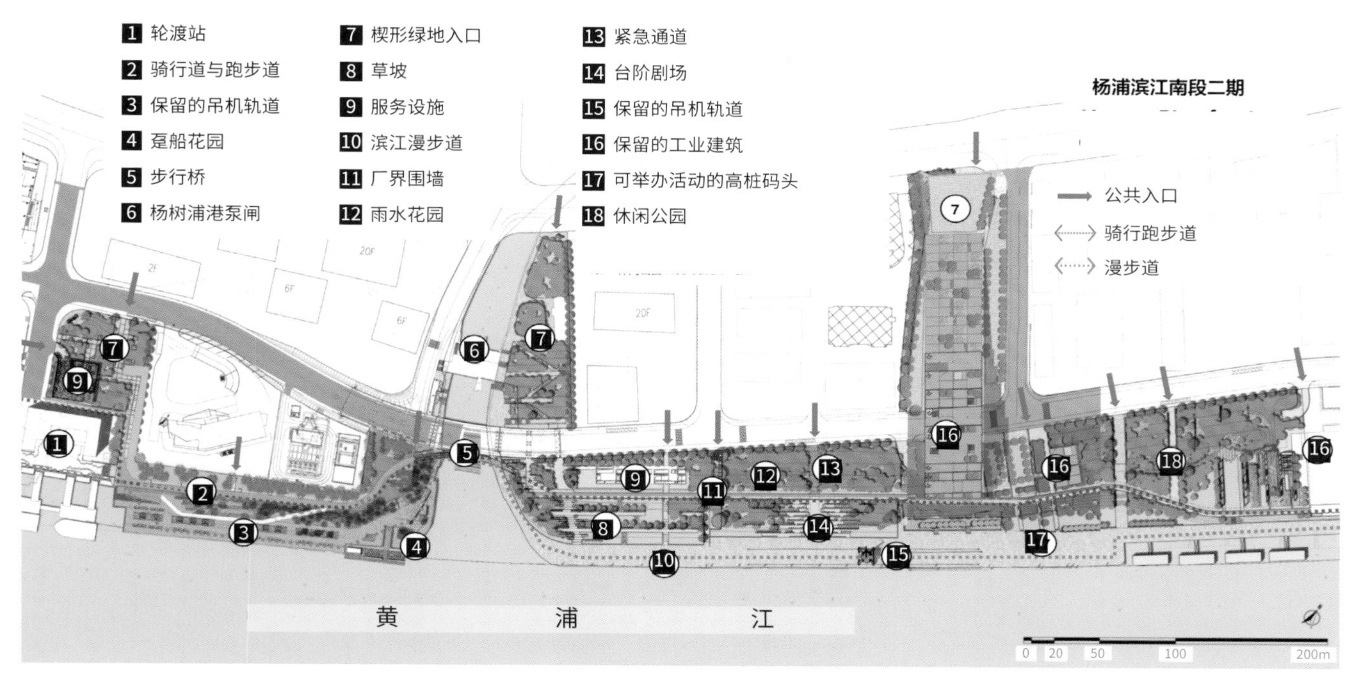

[总平面图]

[改造前状态]

[改造前状态]

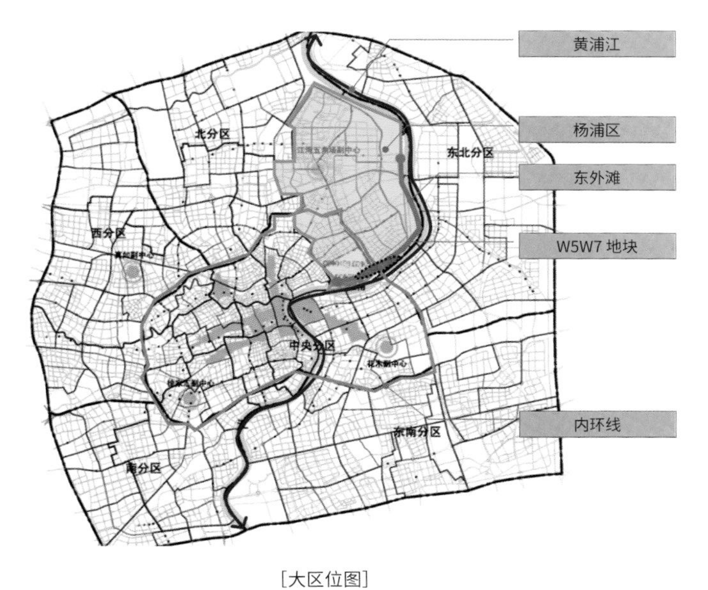

[大区位图]

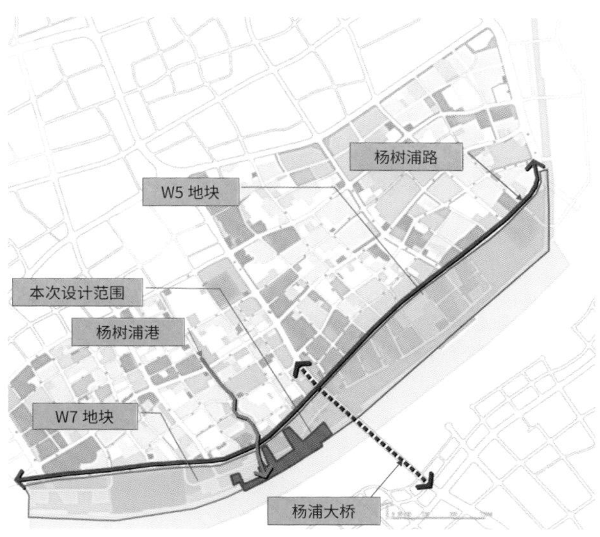

[小区位图]

三道与健康生活

滨江漫步道、跑步道与自行车道组成了上海中心城区黄浦江两岸的绿道系统，被简称为“三道”。杨浦大桥至徐浦大桥总长为 45 km，长度恰好相当于一个马拉松赛程，基地是其中的一个端点。

三道计划是滨江空间从封闭转变为开放的重要里程碑，继而推动了整个 6.7 km^2 的公园项目。通过高架的人行天桥或步道，所有断点如渡轮站、支流河、高桩码头和敏感区等都被连接，步行动线得以贯通。

类似上海这样的高密度大城市通常缺少开放空间，更缺少可供人户外锻炼的场所。“三道”重新定义了滨江公共空间，并倡导了一种更健康的生活方式。用专用颜色喷涂的跑步道和骑行道吸引了越来越多的人来江边健身。三道全程采用无障碍，坡道设计，沿线设有可供休息、补给与简单医疗的服务驿站，从清晨到傍晚，一直有多种年龄段的人使用。

更多的步道从“三道”延伸至周边的商务区与居住社区，形成了一个便捷的步行交通网络。杨浦滨江远期将与公交站点、地铁站以及作为水上交通节点的轮渡口接驳，以服务更远的范围。

01/02/ 跑步道与骑行道
03/ 绿荫中的跑步道
04/ 散步与跑步的市民
05/ 保留的码头起重机
06/ 起重机底部景观
07/ 起重机脚轮的形式被应用于长凳设计

05

06

07

工业遗存与更新

所有的高桩码头都被保留并重新利用，避免增加不必要的新建工程费用以及减少水域面积。基地宽阔的尺度与承载力非常适合作为大型活动的场地，完全保留了 10 吨级码头起重机并使其成为新的视觉焦点。起重机脚轮的形式被应用于长凳设计，长凳被放置在河边的保留轨道上。 根据安全要求，码头上设置了栏杆，避开了所有现有的系缆桩。原始混凝土地坪通过抛光，保留原始痕迹，也令步行变得更为安全和舒适。整个项目使用的材料包括预制混凝土、透水混凝土、彩色沥青等，放弃使用天然花岗岩饰面。这些材料最接近旧码头所用的建筑材料，有助于基地铺装效果的整体性和连续性。

基地里最有特色的部分是打捞局，在历史上它曾是创建于 1902 年的祥泰木行，如今已不复存在。设计师根据历史地图对工厂边界进行了部分重建。企业的大事记以图片、雕刻的细部形式展现，展示空间作为一个室外展览场所融入公园中。历史并非总以严肃的方式来呈现，本设计在休憩空间中将历史以更友好的方式展现给来访者。未来，通过扫描景墙或坐凳上的二维码，到访者还可以获取更多的资讯和故事，以科技的方式增加与景观的互动。

01/ 露天剧场区鸟瞰图

02/03/ 樱花树下阶梯形布局的长凳

结合樱花树下阶梯形布置的长凳，高桩码头转变为露天剧场，江对岸由粮仓改造的艺术馆成为背景。以木头和预制混凝土为材料的座位大部分面向江面，其旁边种植苍翠的植物，为人们提供了休闲空间，使夏日夜晚举办的露天电影和跑步派对充满了吸引力。同时，一条专用于打捞救助局工作的紧急通道以无障碍坡道的形式与露天剧场巧妙地结合为一体。高桩码头与陆地间的空隙用钢格栅步道连接，在此游客可直接欣赏江景，并听到浪花声。

04/ 江对岸由粮仓改造的艺术馆成为背景

05/ 面向江面的混凝土座位

06/ 露天剧场区鸟瞰图

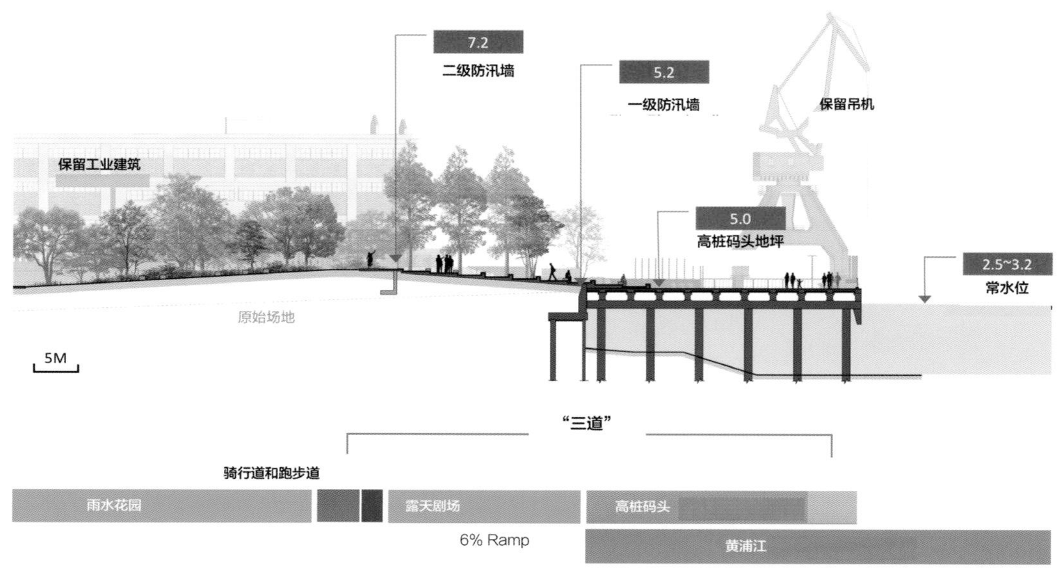

[滨江典型剖面图]

防汛墙与公园

景观设计师与水利工程师合作，将原来的单一防汛墙改造成两级系统。第一级墙顶部与保留的高桩码头地面高度相同，形成连续的活动空间。第二级墙采用了千年一遇的标准，位置后退了 20~30 m，完全隐藏在景观覆土和种植地形中。面对江面的坡度为 6%的草坡，可供人们舒适地欣赏黄浦江沿岸美丽的城市天际线。新的防汛体系以弹性的方式在减少台风和暴雨威胁的同时，丰富了景观地形。

城市道路与防汛墙之间的绿地被设计为雨水花园，减轻了雨洪期间市政排水管网的压力，也使得硬质混凝土墙不再是负面因素。此外，地埋式的雨水收集装置为绿地提供了灌溉用水。林下的架空木栈道和休憩平台节点作为生态教育空间，可以吸引人们进入并了解海绵城市的意义。

为保证通往江面的视觉通廊畅通，种植设计侧重上下两个层次。 上层主要是乔木，以本土树种为主，以保证植物能稳定生长并能抵御台风。下层是各种草本植物，在江风中可以呈现动态景观，也与厚重的工业遗存形成鲜明对比。高桩码头与陆域之间的岸边选用了抛石与芦苇，用于减缓水体对河岸的冲击。

耐候钢板制造的花坛高桩码头的部分区域被抬升为种植空间。设计改变了人们对于大部分工厂码头以硬地为主的印象，将基地的绿化覆盖率从不到 5% 提升到 65%，为人们营造了一个充满绿色的公园。

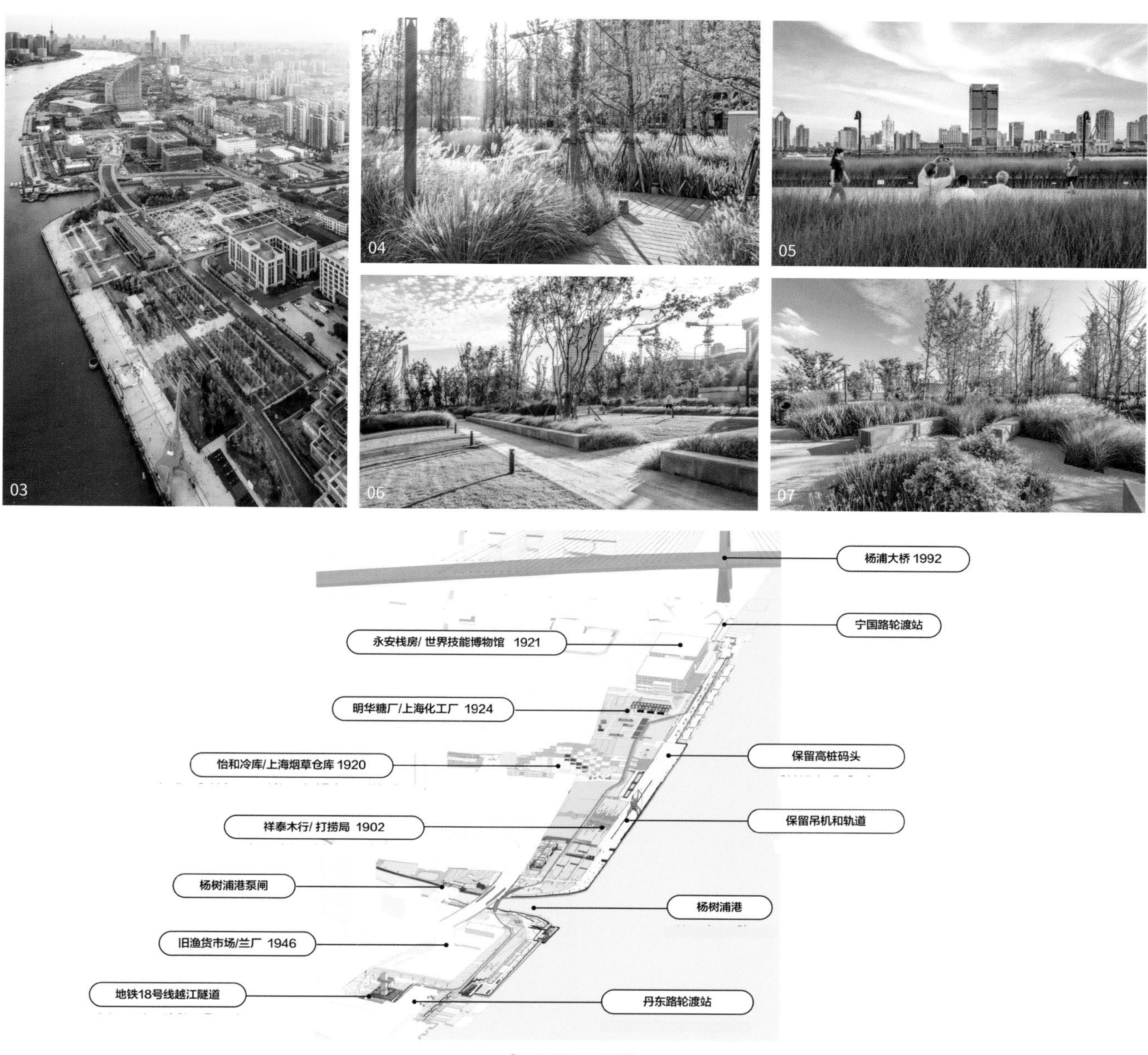

[工业遗存与更新]

项目总结

与上海黄浦江边的其他城市地标如外滩、陆家嘴中央商务区相比，杨浦滨江区段以中国近代工业发源地著称，在历史上曾集中了大量的工厂、仓库和码头。工业化的进程带来了产业配套社区的增加，也带来了人口老龄化以及公共空间不足的问题。 1.2 km 长岸线基地的最大设计挑战来自汛期洪水的威胁，同时遗留工业带阻断了前往江边的通路。

以景观设计师为主的多学科团队在众多工业遗存中建立了多层级的绿道体系，将防汛墙设计于地形中，并通过步行网络联通周边社区。滨水空间被设定为城市看台，转型为新的吸引点，可满足人们日常使用以及举办重要活动的需求，游客在此还可欣赏到上海优美的天际线。公园开放首日便迎来了近 2 万人次的到访，其中也有曾在之前工厂工作过的老人。重振活力的滨水区以工业遗存与自然公园共存的方式真正回归于公众的生活。

01/02/04/ 雨水花园
03/ 项目整体鸟瞰图
05/ 飘逸在江风中的草本植物
06/ 视线通透的植物空间
07/ 充满绿色的公园

上海闵行横泾港东岸滨水景观公共空间改造

项目名称：上海闵行横泾港东岸滨水景观公共空间改造
项目地址：上海市
景观面积：23 787 m²
设计公司：思邦建筑设计咨询（上海）有限公司（SPARK）
摄　　影：三映摄影事务所、闵薇

闵行区滨水景观项目是一个充满趣味的城市更新项目。改造前该区域杂草丛生，河岸一片衰败，通往破旧工业仓库的小路以及废弃的公用设施显示了该地区多年被忽视的状况。如今，它已经成为一个充满活力的公共开放空间，城市公园连接起周边的商业综合体，现有的开发项目也围绕它进行了升级。

设计提案勾画了一个长达 750 m 的滨水休闲空间，促进了空间与人的互动，并营造了一个可持续的生活环境。

01/ 滨水阶梯广场

[改造前状态]

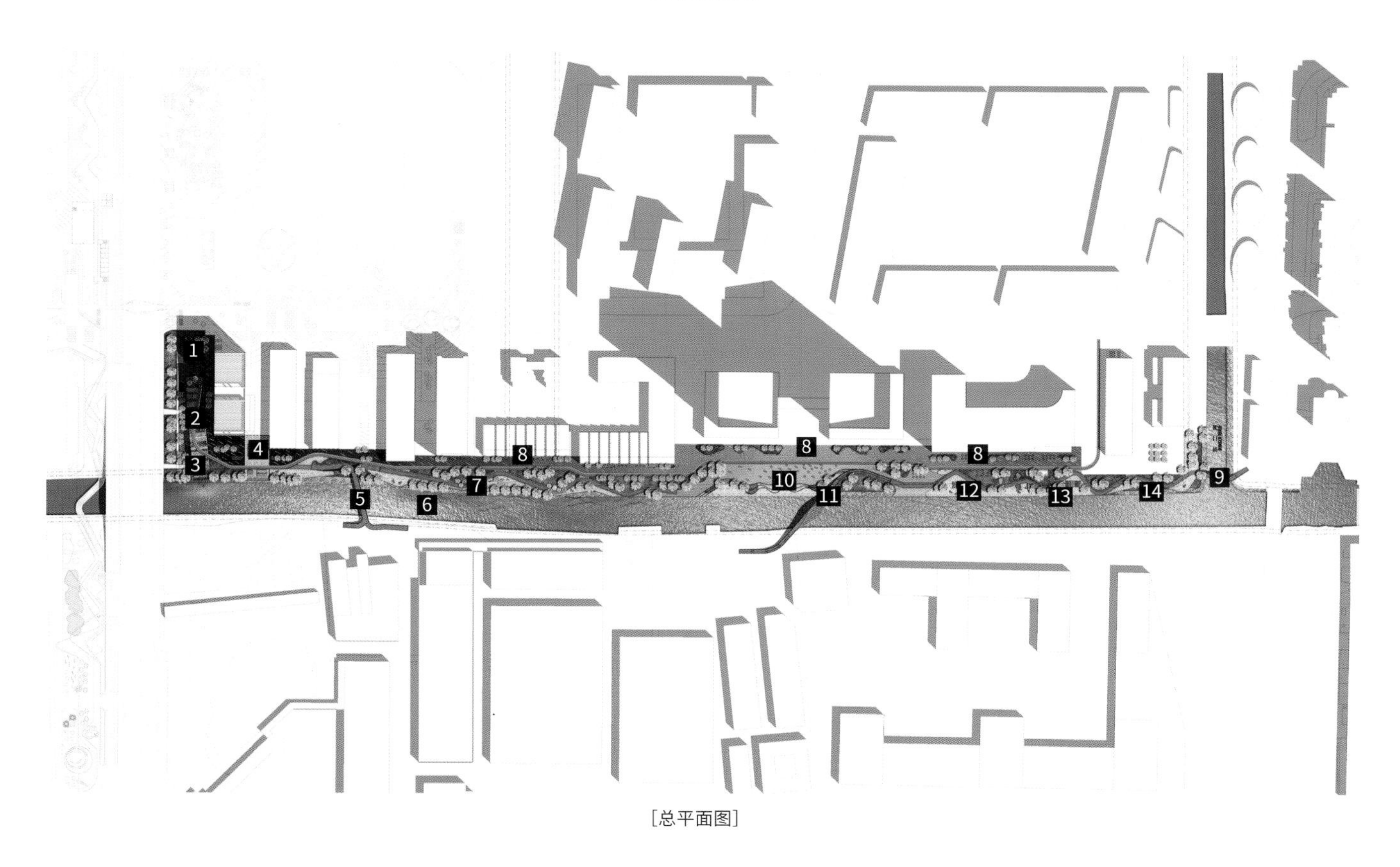

[总平面图]

1 书阵广场
2 跑步道
3 景观种植带
4 木平台休息广场
5 西侧步行桥
6 河道
7 漫步道
8 商业外摆空间
9 步行桥
10 中心滨水广场
11 中心步行桥
12 生态亲水空间
13 餐饮亭
14 滨水绿化带

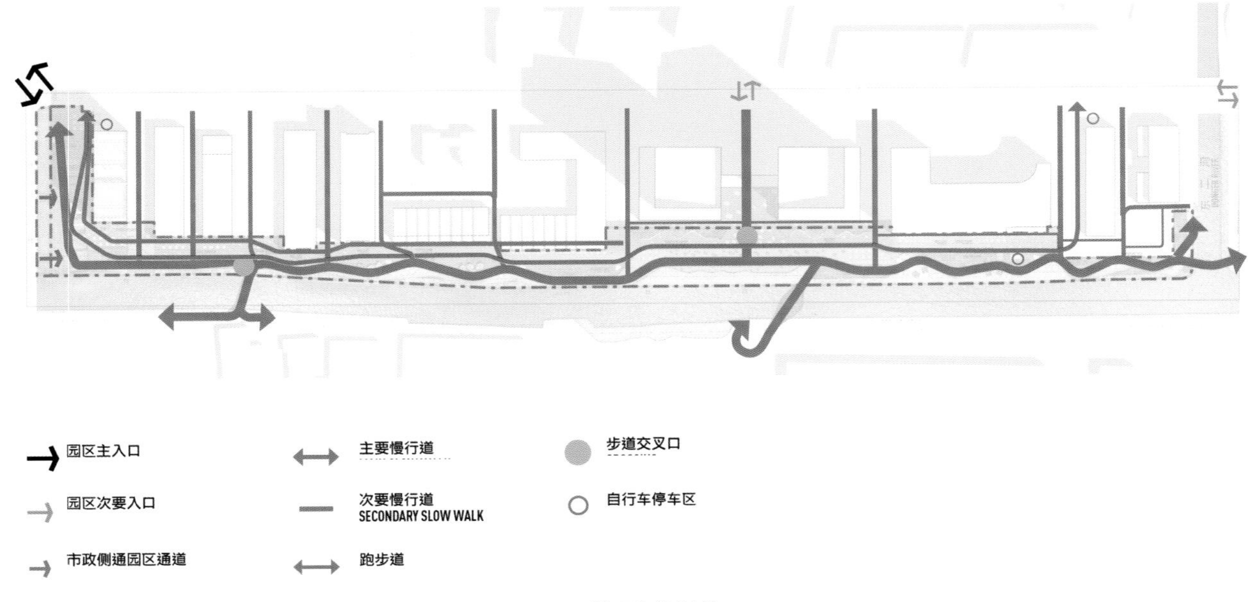

[交通流线分析]

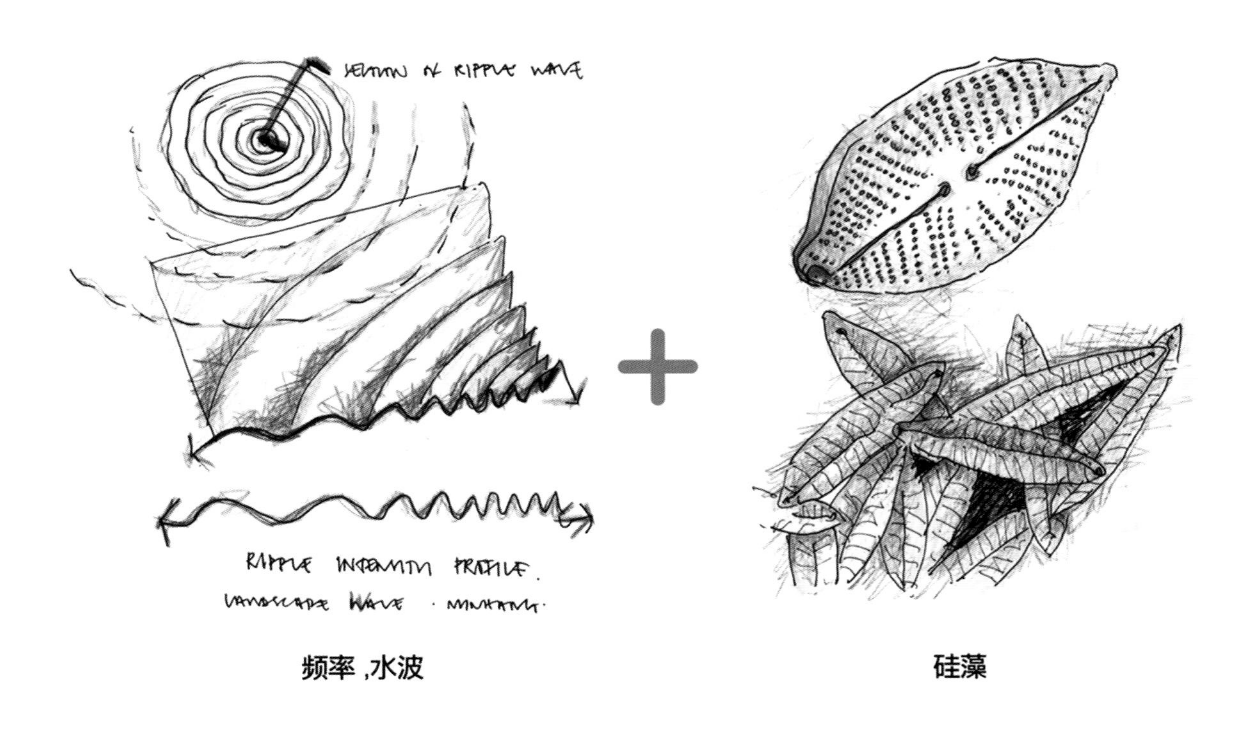

[设计理念]

本项目以单细胞硅藻的重复图案为设计理念。硅藻是有美丽结构的单细胞藻类，可以清洁水质。设计师将硅藻的形态抽象成二维和三维的空间模型，使河岸充满活力，讲述河流和环境再生的故事。

该项目的设计包括连续的绿色带状步道、跑步道、自行车道以及三座人行桥，这些设施将社区中的住宅、教育区和商业区连接在一起。设计师采用抽象的河岸形态，通过景观设计改造四个不同的滨水空间，沿河岸布置草坪、咖啡馆、体育公园和亲水广场等活动区域。

01/ 项目鸟瞰图

02/ 项目周边整体环境

03/ 项目西侧鸟瞰图

[中心滨水广场区剖面图]

01/ 中心步行桥鸟瞰图

02/ 步行桥与步道自然相接

03/ 中心广场区鸟瞰图

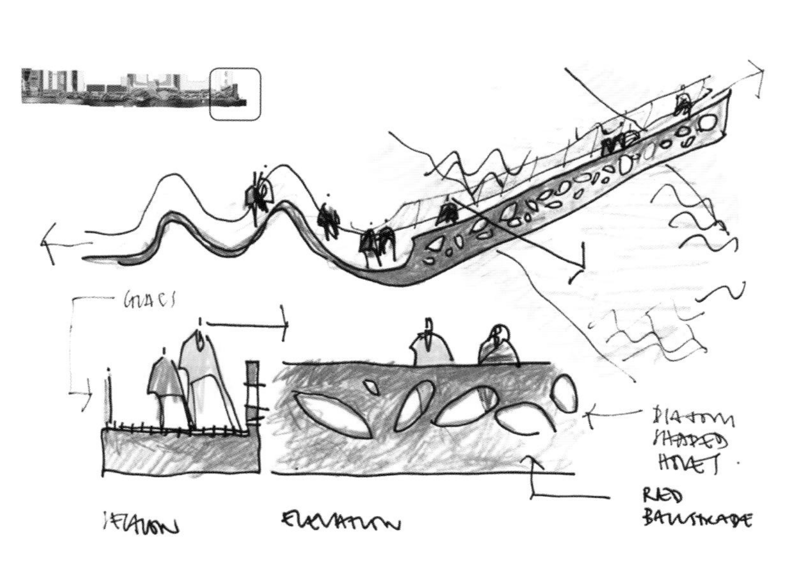

[西侧步行桥设计草图]

04/ 场地鸟瞰图

05/ 西侧步行桥夜景

06/08/ 西侧步行桥鸟瞰

07/ 中心滨水广场夜景

09/ 硅藻造型景亭

01
02
03
04
05

06

07

08

SPARK 合伙人中文 Stephen Pimbley（斯蒂芬·平博理）说：“该项目很好地呈现了城市开放空间成为公共再生空间和社会可持续性发展空间的关键因素，并为提高未来居民的生活质量树立了本土的标准。”

SPARK 的合伙人林雯慧说：“我们对这个项目的潜在目标感到非常激动，设计为河岸带来了新的生命力，并创造了一个令人向往的、安全的环境。这条吸引了本地居民、学生、游客和商务人士去探索的曾被人遗忘的河岸迎接了它的重生。”

01/ 滨河休闲空间
02/ 亲水生态广场
03/ 滨水绿化带
04/ 漫步道与跑步道
05/ 滨水健身空间
06/ 休憩木平台
07/ 波浪造型的景观家具
08/ 跑步道与休憩木平台

重庆印制一厂山鬼精品酒店改造

项目名称：重庆印制一厂山鬼精品酒店改造
项目地址：重庆市
建筑面积：4 300 ㎡
设计公司：杭州寻常设计事务所有限公司
摄　　影：Tim Wu（吴守珩）、赵奕龙、盒子传媒

该项目位于重庆市渝中区枇杷山后街影视产业园旧印制一厂，两幢主体建筑顺应地势，一前一后，高低有序地坐落于坡地之上，直面壮美长江，俯瞰两座大桥之间的绿洲，饱览城市天际线。

01/ 项目鸟瞰

[改造前状态]

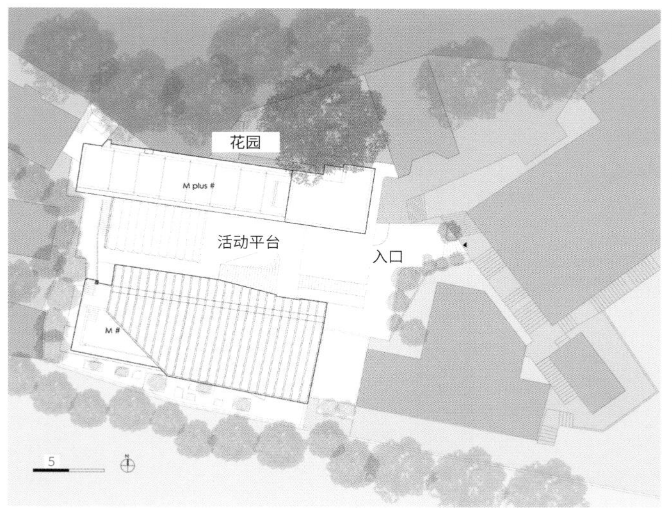

[总平面图]

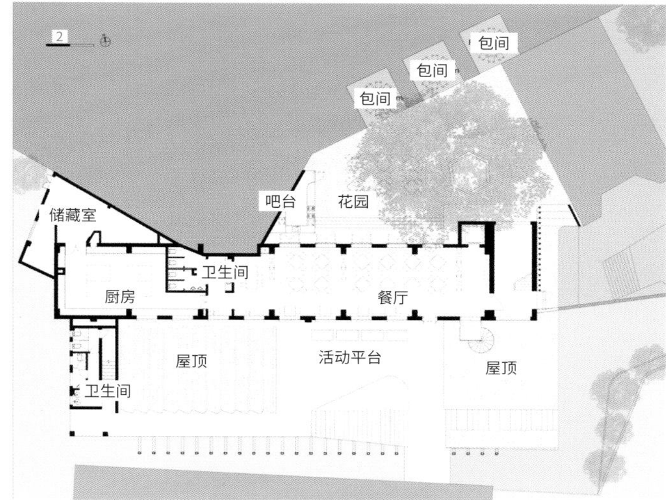

[后幢楼一层平面图]

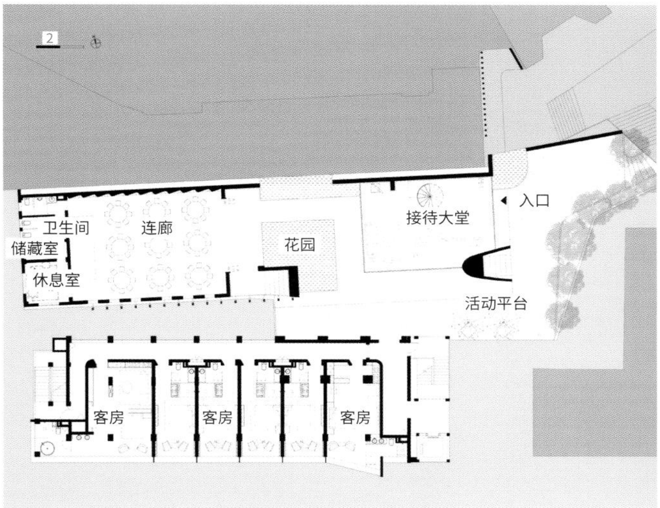

[前幢楼主平面图]

[酒店俯瞰图]

［建筑分解图］

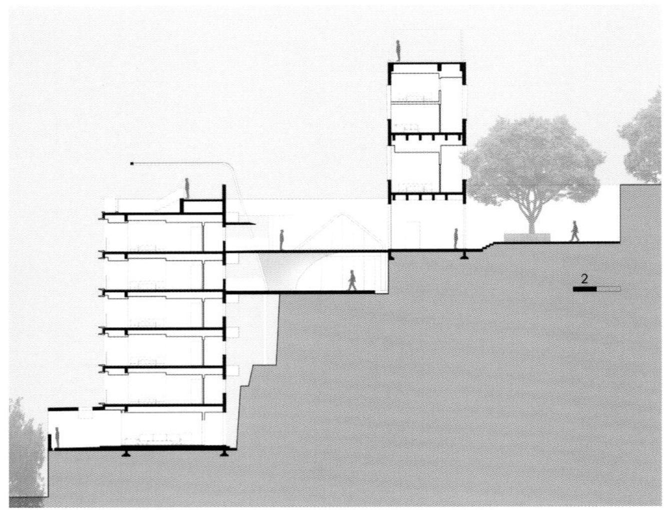

［剖面图一］

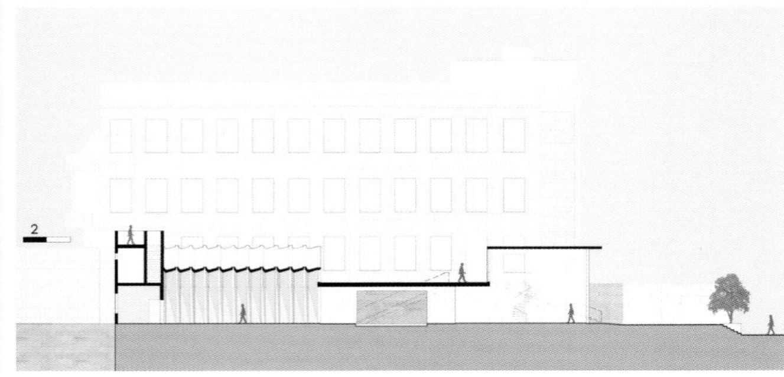

［剖面图二］

愿想与类比：嫁衣的裙摆

该场地因具有历史感的工业建筑与开阔的江景经常会吸引崇尚个性的游客来拍摄打卡，这提醒了设计师在设计中可以结合影视文创以及既有婚纱摄影业态，将其升级打造为针对年轻人群的关于“爱情”这一主题的艺术美学空间，这一定位也呼应了山鬼精品酒店的品牌调性。

01/ 基地位于山坡之上

02/ 从基地俯瞰壮美长江

新娘嫁衣舞动的裙摆是美妙的经典场景，如果把老楼比喻为待嫁的新娘，那么设计师的任务就是为之设计一件合宜的“嫁衣”，使其轻盈、柔软地连接起两幢老建筑，也使得老旧厂房呈现出全新的面貌。

薄壳结构与金属幕墙构成的“裙摆”创造出一层用于酒店接待、游客休憩的多功能厅开放服务空间，形成一条多变的观景路径。该结构漂浮时为顶，下落时为幕，抬升时为厅，下沉时为梯，游客可以在“裙摆”之上游走，体验空间的奇妙变化。

03/ 建筑化的“裙摆”空间

04/ 夜间建筑整体外观

05/ 通往屋顶泳池的走廊

06/“裙摆”幕墙一览

01

02

03

新旧对话

老厂房的更新设计既有大刀阔斧式的创造性改变，也小心翼翼地保留了历史记忆，新旧并存。新建的部分如同画布，显得白净轻盈，与粗重的老墙面或裸露的水泥梁柱相互对比烘托。设计师试图创造一种情境：游客身处酒店，既能感受到改造后的当代美学，也能感受到老厂房作为工业遗存的历史美学。

01/ 改造后的酒店入口
02/ 屋顶泳池
03/ 金属幕墙
04/ 厂房立面细部
05/ 通往二层平台的楼梯
06/ 二楼活动平台
07/ 通往屋顶的楼梯
08/ 修缮后的厂房立面
09/10/ 后院建筑立面
11/ 厂房楼梯间

04

05

06

07

08

09

10

11

厂房青砖立面有较好的历史与美学价值，经保护性修复之后，仍然作为建筑立面使用。设计师认为这不仅是岁月的沉淀，还是时光的馈赠，希望再度赋予其生命，使它可以被触摸并体现四季的变迁。

北侧的后院是一个浑然天成的诗意空间，老墙上的爬山虎还有那一砖一瓦都是历史的记忆，尤其是万缕阳光穿过茂密枝叶洒下的斑驳光影更是自然与岁月赐予的财富，设计师希望延续它的故事、它的独一无二。

光影礼赞

“光”是一种不可或缺的设计素材，不管自然的抑或人工的，恰到好处的设计能让光影不只具有功能性的用途，还能创造出令人愉悦的意境。例如中庭水院的采光天井和礼堂的屋顶天窗不仅补充了照明，细长、有序的几何形态还勾勒出抽象的光影矩阵，引领人的心灵通往星辰。

08

09

10

11

12

13

诗意的栖居

设计将酒店定义为一个微型的山水城市，里面充满了栖居的艺术。在这里你可以闲散地游走于大堂和水院之间，置身艺术礼堂，感受别样光影。夜幕降临，华灯初上，你可在屋顶的无边泳池里一边畅游一边欣赏城市夜景；回到客房，你可以不拉上帘子，只为枕着长江之景入眠。落成后的山鬼酒店是由老厂房蜕变而来的，融合了老厂房的故事与山城的景致，是对度假酒店别样体验的勇敢创新，也希望这个改造项目能为当下的都市更新和旧房改造带来一些参考意义。

01/04/ 大堂接待区
02/05/ 多功能礼堂
03/07/ 中庭休息区
06/ 中庭平台
08/ 天际酒吧
09/ 无边泳池
10/11/ 客房卫浴
12/ 西餐厅
13/ 江景客房

沈阳东贸库改造

项目名称：沈阳东贸库改造
项目地址：辽宁省沈阳市
建筑面积：9 944 ㎡
设计公司：URBANUS 都市实践建筑设计事务所（以下简称都市实践）
主持建筑师：王辉
摄　　影：曾天培、UK Studio（UK 工作室）、琢墨建筑摄影

位于沈阳东站南侧的共和国第一代仓储园区“东贸库”是沈阳市现存的建设年代最早、规模最大、保存最完整的民用仓储建筑群，在东北地区乃至全国仓储物流业发展史上都具有重要地位，在仓储建筑及园区类型学研究上也具有重要价值。但“东贸库”的文物价值一直被忽视，直至 2019 年要被拆除时，“东贸库建筑群”才被列入沈阳市第五批历史建筑初选名单。

为协调保护和发展的关系，经以沈阳建筑大学陈伯超教授为首的专家组论证，政府决定保留 7 栋有特色的历史建筑和 1 条铁路线，其余用地作为地产开发用地。在土地出让条件中，政府要求保护和再利用这 7 栋历史建筑。

2020 年春节过后，“东贸库”有选择的部分保留方案明确后，都市实践正式接受了这个项目非住宅部分的公共空间规划。

那时正是新冠肺炎疫情防控最紧张的时候，由于没有现场体验，设计师对老仓库没有感觉，加之文物建筑审批程序很复杂，所以在第一版的规划中，并没有考虑把老仓库改造放在一期工程中。

城际旅行放开后，设计师在第一时间奔赴“东贸库”。当进入刚刚腾空的仓库，看到木结构被高侧窗上头的阳光照亮的那一刹那，设计师心中闪现一个想法：必须推翻原来不把老仓库列入一期建设的原方案。

眼前壮美的场景也同样打动了第一次进入现场的甲方，于是双方有了共识：以仓库为原点重新规划，并把一期展示项目放到老仓库里来，而不是按原来的想法另盖座新建筑。

01/ 改造前仓库航拍图

02/ 改造前卫星图

03/ 改造后鸟瞰图

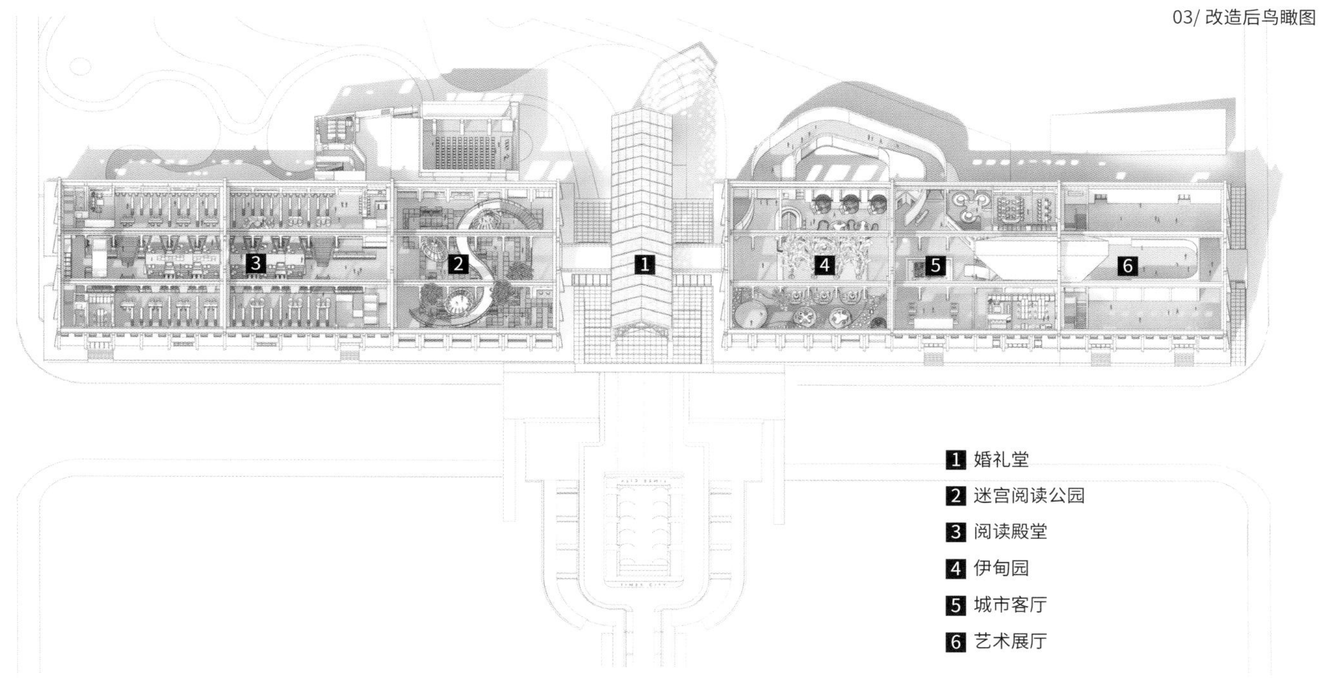

[2#、4# 仓库改造后平面图]

这个转化听起来很容易，但做起来有两方面的难度。一方面来自文保要求，按照之前的规划，仓库改造设计可以慢慢进行，但现在必须要在短时间内让方案获得文物部门的认可。另一方面来自规范审查，因为仓库现有的木结构在功能改性后既不符合木结构规范，也不符合防火规范。一般开发商对展示区开放有时间要求，要解决这两方面问题往往会超出他们的时间预期，所以之前先不从仓库入手的规划方向是比较务实的。现在因双方对老仓库一见钟情而改弦易辙，就要面临巨大的挑战，推开一道道门。

04/ 改造前仓库内部空间

打开第一道门：文保

遗产再利用项目的第一道大门就是程序正义。由于设计方接触过很多文保业务，更是深谙此道，所以在这个项目上非常想树立一个建筑设计和文保规划相向而行的样板。负责文保导则制定的陈伯超老师非常开明，他所主导的文保规划工作与设计方的设计是同时起步的，这使双方在有限的窗口期内进行了互动，而不像一般的遗产项目都是文保导则制定在先，从而使设计工作很被动。双方均能站在公正的文保优先立场上做判断和选择，即使保护规划合理化，又使改造设计合法化。

更值得一书的是陈伯超教授作为近现代建筑保护的权威专家，科学全面地梳理出“东贸库”的文物价值，并以这些价值为导向指导建筑师的工作，还给予建筑师合理的创意空间。同时，再利用设计是建立在专业的测绘、检测和修缮工作基础之上的，这些前置性工作不仅仅创造了设计的上位条件，更使设计方在感情上贴近遗产建筑。

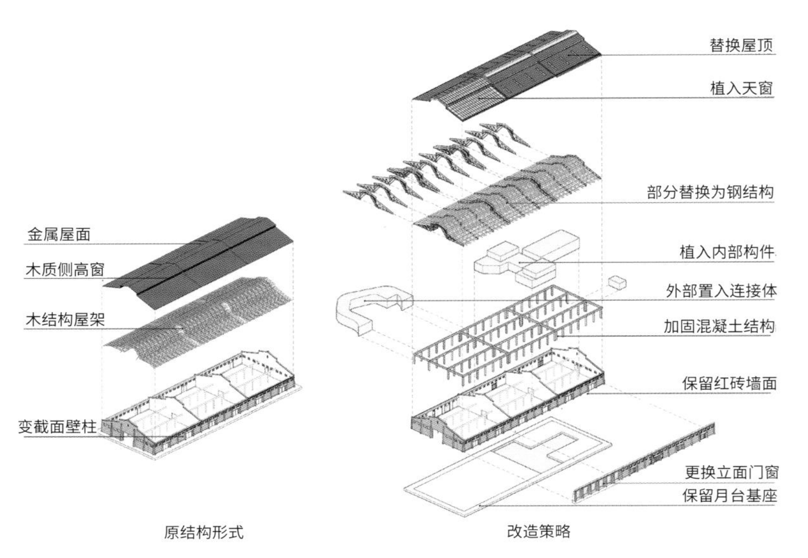

[仓库木结构改造示意]

01

01/ 改造前状态

02/ 改造后每两品新钢桁架之间保留三品原有木桁架

03/ 改造前的仓库内部空间

04/05/ 迷宫阅读公园

打开第二道门：结构

工业建筑中最令人陶醉的是结构，如何让结构引发人的情绪，是这类建筑改造设计的关键，其中最硬核的技术问题是解决木结构再利用与现行规范之间的矛盾。该建筑是新中国成立初期由苏联援建设计的，科学且朴素，用材毫不浪费。设计第一次走进刚刚被清空的老仓库的一刹那，就震惊于自然光透过高侧窗后对室内木结构的渲染，觉得应该把这种感觉保留下来。

与保护规划要求展示原真结构相矛盾的是，结构规范和防火规范否定了现有木屋架的直接再利用。如果继续使用现有结构，并符合防火要求，就必须加大构件的尺寸，这会彻底改变造型原貌。面对这种两难，设计师与结构工程师共同努力，成功地将几品木桁架转换为钢桁架，巧妙地卸掉木结构荷载，使木构架的暴露不违反现行的规范，视觉上依然保持了结构的连续性，乍一看原结构的整体感依然如旧。

02

03

04

[迷宫阅读公园轴测图]

05

打开第三道门：开门有景

最先改造的是 2# 和 4# 库，每一个仓库都由 3 个 30 mx30 m 的单元构成，文保导则规定外立面只能做较小的改变。对于这种进深大、开窗小的房子，唯一的出路是打开天窗做自然采光和排烟。既然已经做天窗了，为什么不做个温室？设计师脑中产生了一种空间构想：将每一个仓库都设计为从山墙一端进入的三进空间，第一进就是一个开门见景的温室，这是针对东北严寒气候而定制的再利用工业遗产空间。自从设计了 2019 北京世园会植物馆之后，设计师不仅在室内温室专项上有了一定的技术经验，更重要的是拥有了高端的设计资源，在近期的实践中，设计师在每一个北方项目中都力图说服甲方采用“温室 +”的模式，植入一个可以营建社群的温室。

将 2# 库改造为社区图书馆也是基于城市更新中提升基层群众文化水平、丰富其文化生活内容的需要。在实体书店式微的时代，阅读场所本身的空间感和视觉冲击力的营造是吸引读者的重要因素。仓库的结构已经为设计“阅读圣殿”打下了基础，但还需要在入口空间做个植物小迷宫，用公园的模式来代替传统的阅览室，通过迷宫式的种植设计划分出一块块彼此可视却又互不干扰的私人阅读空间，读者可坐在公园长凳上阅读，从盘旋在上空的步道俯瞰迷宫。树屋式的儿童阅览室也为公园阅览区增添了色彩。

4# 库被改造为营销展示中心。第一进是以矩阵式种植着芭蕉的水池为中心的“伊甸园”。它是种满花木的洽谈区，兼作社区的会客厅。站在入口处，游客可以透过“伊甸园”沿主轴线看到后两进空间，却不能直接从此穿过，只能绕过一个城市展廊后到达位于第二跨的中央展厅，再回到这个温室洽谈区。这种迂回的动线反而使温室体验更丰富、有趣。

有了这两个花园，就不再担心未来这个社区没有活力。近年来一些专业学者在社区花园建设上已经开拓出许多成熟的设计路径，总结出完善的理论。都市实践“温室 +”策略中的一个延展点就是建筑在使用中能够引入社会上的运营团队进行运营，或其方法能够作为插件介入社区体系中。

[伊甸园轴测图]
01
02
03

打开第四道门：空间递进

设想一架无人机在中殿拍摄，一镜到底，从 2# 库西头缓缓地飞到 4# 库东头，穿过一品品重复桁架，飞过 6 个 30 mx30 m 的单元，完成全程 200 余米长的旅程，其结果是多么令人震撼。工业建筑的力量感来源于空间，而使用方往往会不遗余力地使空间的使用率最大化，不断蚕食原建筑的大空间。如何平衡空间效果和功能诉求，这是再利用工业遗产时的一个技术活儿。

空间过大会显得空洞，这需要把空间纳入序列化的叙事中。正好两个一样的仓库本身都是三开间，每一栋都可从端头的花园进入，再进到下两个空间。

展示中心第一进开门见山的主景是“伊甸园”，第二跨空间是“城市广场”，从这里沿向下的台阶可走到半下沉的样板区，沿向上的楼梯可走到夹层左右两侧的签约区和办公区，沿轴线可进入第三进的“艺术宫殿”，这是上下两层的画廊和讲座空间。在二、三进的连接处，设计师又刻意地加了一个悬吊的张拉网白色顶子，凸出的端头强化了透视线，使空间有了一个高潮，为轴线戴上了一顶“王冠”。

01/02/ 03/ 伊甸园
04/ 2# 库时代文仓
05/06/4# 库城市客厅
07/ 通过展廊进入第二跨的中央展厅
08/ 艺术展厅

城市书房的第一进是迷宫，后两进则用空间来打动人，用一个整体感强的线形小“巨构”嵌套在中殿的木构架里，把两跨空间统一起来，形成了一个气场强大的“阅读殿堂”。仓库木结构里的“阅读殿堂”的设计如一个古典的构件设计，在标准剖面上，底层是条长长的书桌，左右各有楼梯上书库夹层，然后折返的楼梯再上上层。上层的地平高度和木架的支座几乎等高，这样就能够使人置身在木架的包围之中。楼梯台阶上有可供读者读书的座凳，这也是网红书店惯常使用的场景。狭长的二层空间沐浴在灿烂的阳光之下，形成一个惬意的读书场所。

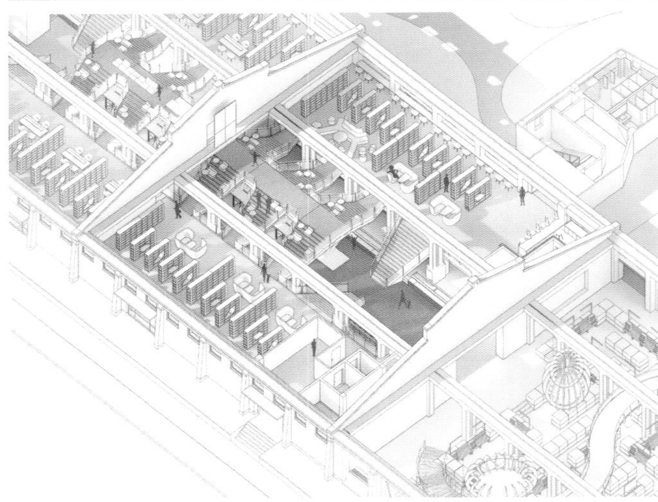

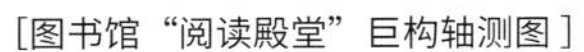

[图书馆“阅读殿堂”巨构轴测图]

01/ 阅读殿堂

02/ 阅读殿堂二层空间

03/ 图书馆阅览室

04/ 图书馆“阅读殿堂”巨构

05/“时代之城”公园和改造后的 2#、4# 库

06/“绘造社”为 6# 库山墙制作的壁画《东北文艺复兴》

再打开一道门：6# 库社区中心

完成 2# 库和 4# 库的设计后，设计师又转入后面几个仓库的改造设计中。在一期改造的公共界面中，绘造社的李涵老师已经在 6# 库的山墙上绘制了一幅恢宏的壁画。名曰《东北文艺复兴》，是以“东贸库”和沈海热电厂为主景的沈阳建筑遗产背景下东北地区非常有活力的市井生活。这个视角也是设计师在这个社区的日常生活中所要培育的。这一栋建筑的功能将聚焦在社区服务上，包括剧场、X 空间、政务大厅、红色展厅等。鉴于“东贸库”是早年根据苏联的图纸设计的，大东区又有工人阶级的底蕴，设计师就俄罗斯至上主义和构成派的主题，来加持“东北文艺复兴”这扇大门里面的室内设计。

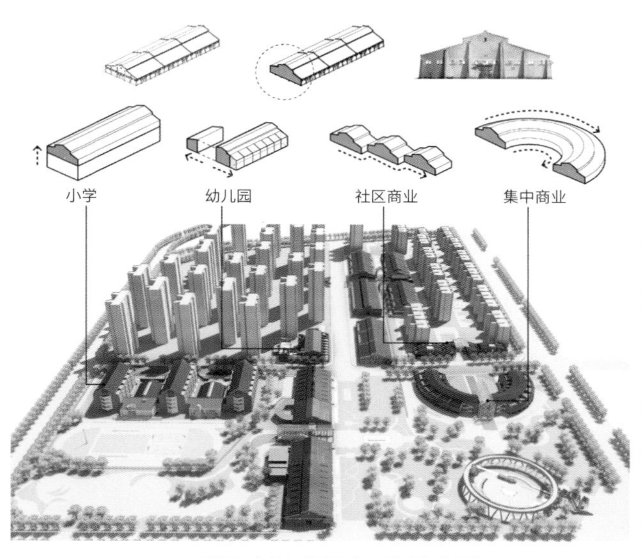

[提取山墙母题形成的新建筑体量]

07/ 社区幼儿园沿街立面

08/6# 库改造的社区服务中心

09/ 住区入口采用东贸库山墙母题

最后一道门：大团圆

为支持设计方把规划方案的调性定为以“东贸库”为主题，所有的公建项目甲方都让本设计团队来设计，其中还包括为当地教育局和文旅局代建的项目。这些政府职能部门也非常认同设计方的规划理念以及单体设计理念。这就打开了把过去的封闭库区接引到当下城市中的最后一道门。这个接引的底层逻辑很简单，设计师以山墙形态推演出新的体量造型，分别运用于小学、幼儿园、社区商业层、集中商业层等新建建筑上，这样，在开放的街区空间上，通过各种空间对位关系组织起来的新旧公共建筑在形态上既属于一个有血缘的大家庭，又有各自的变化，成为一个有机的整体。

这个整体的意义不只在于有效地把以往属于飞地的老仓库融入当下城市空间，更在于老仓库成为一种胶黏剂。在大东区这样高密度的老旧住区，新的增量开发只能发生在过去的工业用地上。因此，增量与存量的并存不仅容易导致视觉上的强烈对比，更容易造成同一区域内居民社会身份的分层。而以质朴的仓库为母题打造出的建筑新面貌，一方面不失时尚，买得起高端房子的新住户愿意来；另一方面又接地气，老居民们不觉得被排斥。所以这个项目借助城市更新，提升了周边难以更新的社区中居民的生活品质，实现了城市更新的利益多元化和最大化。

上海民生码头八万吨筒仓艺术中心

项目名称：上海民生码头八万吨筒仓艺术中心
项目地址：上海市
建筑面积：16 322 ㎡
设计公司：大舍建筑设计事务所
摄　　影：苏圣亮、田方方

八万吨筒仓是上海浦东民生码头中保留的工业建筑的一部分，原建筑建于 1995 年，作为不会再出现的建筑空间类型而具有历史遗产性的保护价值。依据“适应性再利用”的原则，建筑师协助业主在确定项目的开发方向上做了大量的前期策划与研究工作，从满足区域发展和空间本身的特点两个层面出发为既有的空间寻找恰当的用途，最终确认将八万吨筒仓改造为多功能的艺术展览空间。在上海近年的城市更新中，艺术文化活动空间已经成为公共空间营造的主要方向，展览因可适应比较封闭的空间，所以可最大限度地契合现有筒仓建筑相对封闭的空间状态。

01/ 筒仓外观

02/ 远观筒仓

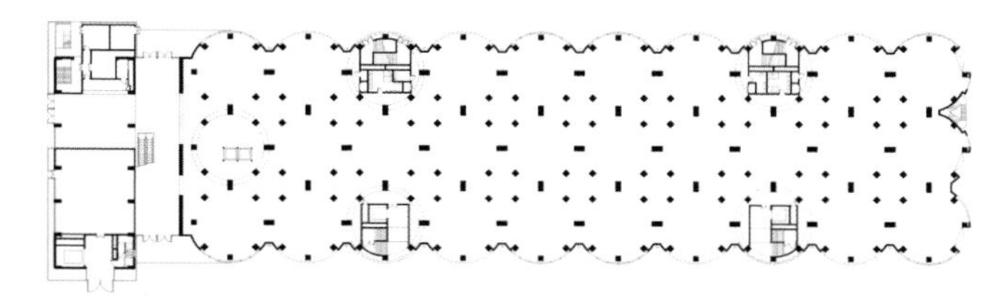

[首层平面图]

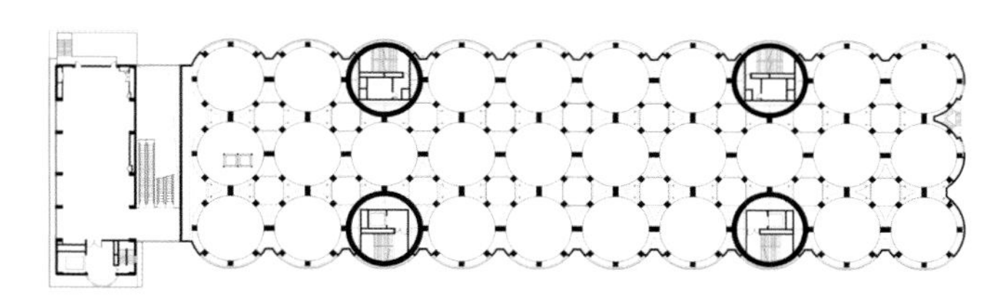

[二层平面图]

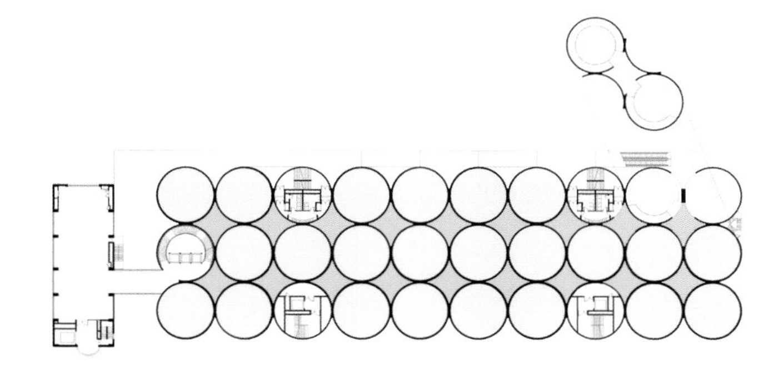

[六层平面图]

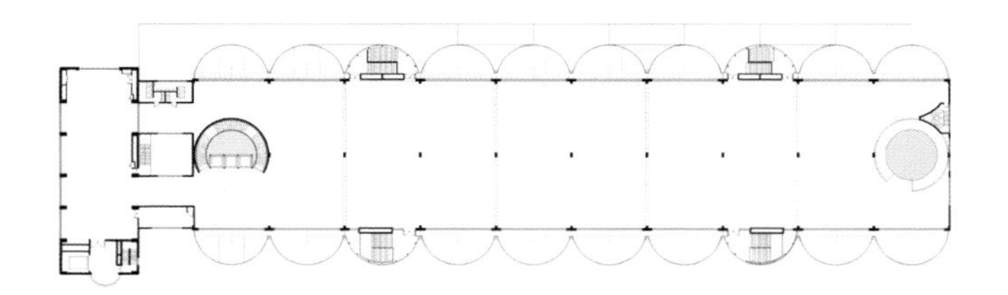

[七层平面图]

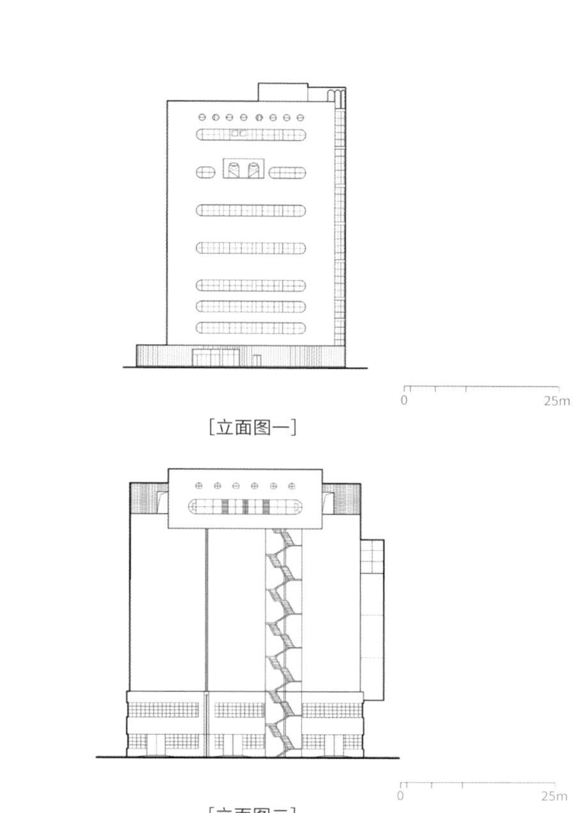

[立面图一]

[立面图二]

[立面图三]

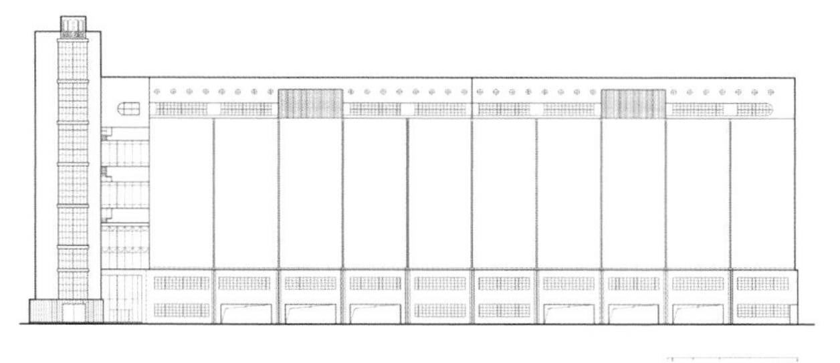

[立面图四]

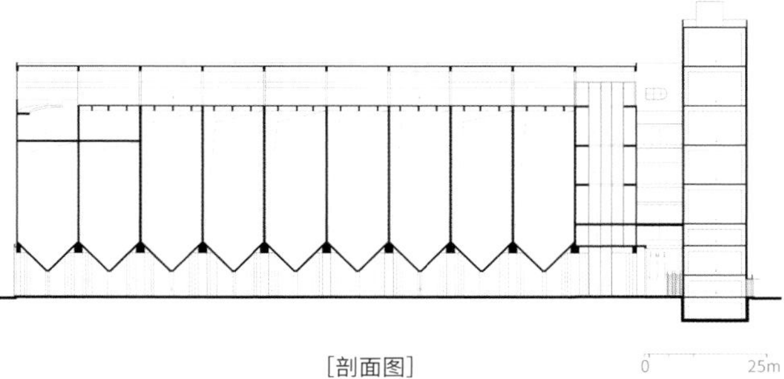

[剖面图]

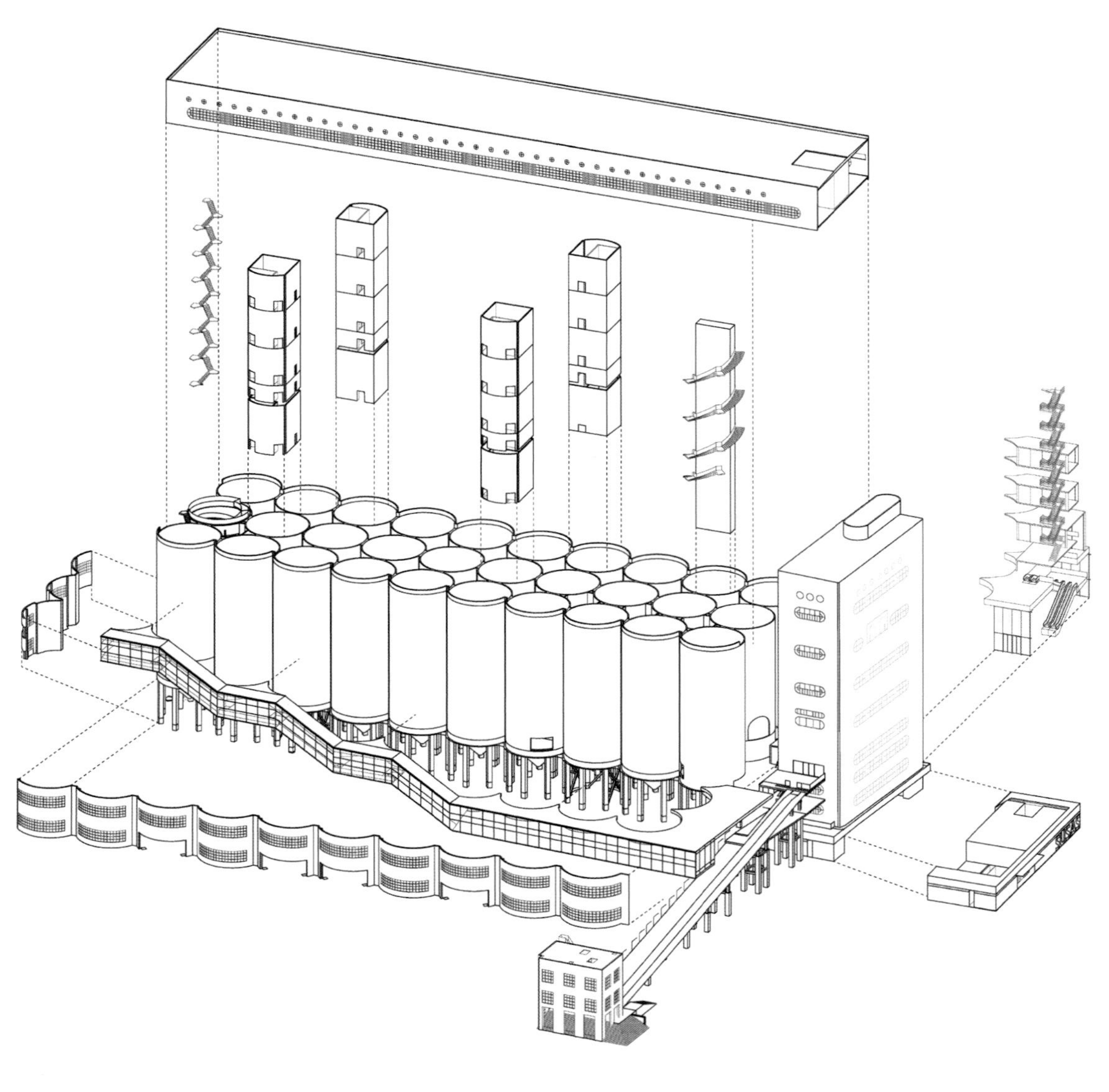

[轴测图]

2017 年的上海城市空间艺术季选择八万吨筒仓作为活动的主展馆，但其只是一个为时 3 个月的临时展览计划。空间的改造需要在半年内快速完成，以满足艺术季展览的需要，同时也要兼顾未来继续改造的计划。

本次艺术季主要将筒仓建筑的底层和顶层作为展览空间，由于筒仓建筑高达 48 m，要将底层和最顶层的空间整合为同时使用的展览空间，就必须组织顺畅的观展流线，同时也要增加必要的消防疏散设施。筒仓建筑原本用于工业生产，具有强烈的封闭性，如今要改为公共文化建筑又必须具有一定的开放性，化解这个矛盾的主要办法是在筒仓北侧外挂一组可以将底层人流直接引至顶层展厅的自动扶梯，这样既解决了交通问题，人们在参展的同时也能欣赏到北侧黄浦江以及整个民生码头的壮丽景观。除了“悬浮”在筒仓外的外挂扶梯，筒仓本身几乎可以不做任何改动，这样既极大地保留了筒仓的原本风貌，同时又能看到因着重新利用所注入该组建筑的新活力。

这组外挂扶梯重新凸显了八万吨筒仓的位置：通过引入黄浦江景色揭示了它坐落在黄浦江边的这一事实，同时将滨江公共空间引入这座建筑，建筑公共性由此获得。这组扶梯也为筒仓中部空间未来改造为展览空间预留了接口。事实上，在后续的改造设计中，30 个直径约 12.5 m 的筒仓将被从内部切割、连通，成为从不同标高可以进入的立体的展览空间。

01/ 项目外观

02/ “悬浮” 的外挂扶梯

03/ 黄昏下的筒仓

01/ 从外挂扶梯远眺黄浦江

02/03/ 外挂扶梯细部

04/05/ 入口广场

06/ 建筑近景

07

08

09

10

11

12

未来，随着从江边直上筒仓三层的粮食传送带被改造为自动人行坡道，一个从江边直接上至筒仓顶层的公共空间将得以建立。

07/10/ 筒仓内部结构得到了保留

08/ 建筑近景

09/ 展览空间

11/ 入口广场夜景

12/ 自动人行坡道直接从江边通向筒仓顶层

艺仓美术馆及滨江长廊

项目名称：艺仓美术馆及滨江长廊
项目地址：上海市
建筑面积：9 180 ㎡
设计公司：大舍建筑设计事务所
摄　　影：田方方、大舍建筑设计事务所

工业文明是上海现代化城市发展的重要部分。随着后工业时代城市功能的更新，诸多的工业建筑作为上海城市发展史的重要部分，拆除还是改造以及如何改造成为一个有意义的话题。在上海，有无数的工业建筑因为工厂的搬迁而成为临时的废墟，它们有的会被保留，大多数则会被拆除，并在原址上建设新楼或者公共绿地。不过在黄浦江两岸，随着 2017 年浦江公共空间贯通计划的推进，人们已经意识到应保留更多工业建筑的空间与文化价值。

01/ 项目外观

[改造前状态]

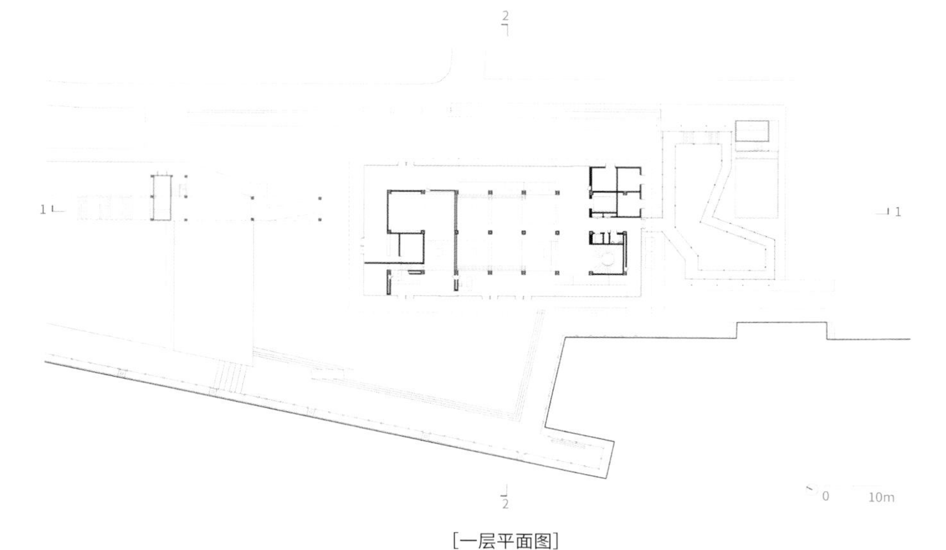

[一层平面图]

[二层平面图]

[三层平面图]

[三层夹层平面图]

老白渡煤仓的改造早在 2015 年前即已开始，这些建筑曾险些被拆除。好在 2015 年第一届上海城市空间艺术季在这里设置了一个案例展的分展场，策展人冯路和柳亦春以工业建筑的改造再利用作为主题，在原本部分被拆除的煤仓废墟中，借助影像、声音和舞蹈，举办了一次题为“重新装载”的艺术与建筑相结合的空间展览，让人们能设身处地地意识到工业建筑的价值，以及将煤仓变身为公共文化空间的意义。煤仓的物业持有者及未来美术馆的进驻方在这次展览中看到了工业建筑粗粝的表面与展览空间相结合的可能性与力量，欣然接受了基于保留主要煤仓空间及其结构的改造原则，把原来的画廊升级为美术馆，并将美术馆命名为“艺仓美术馆”。

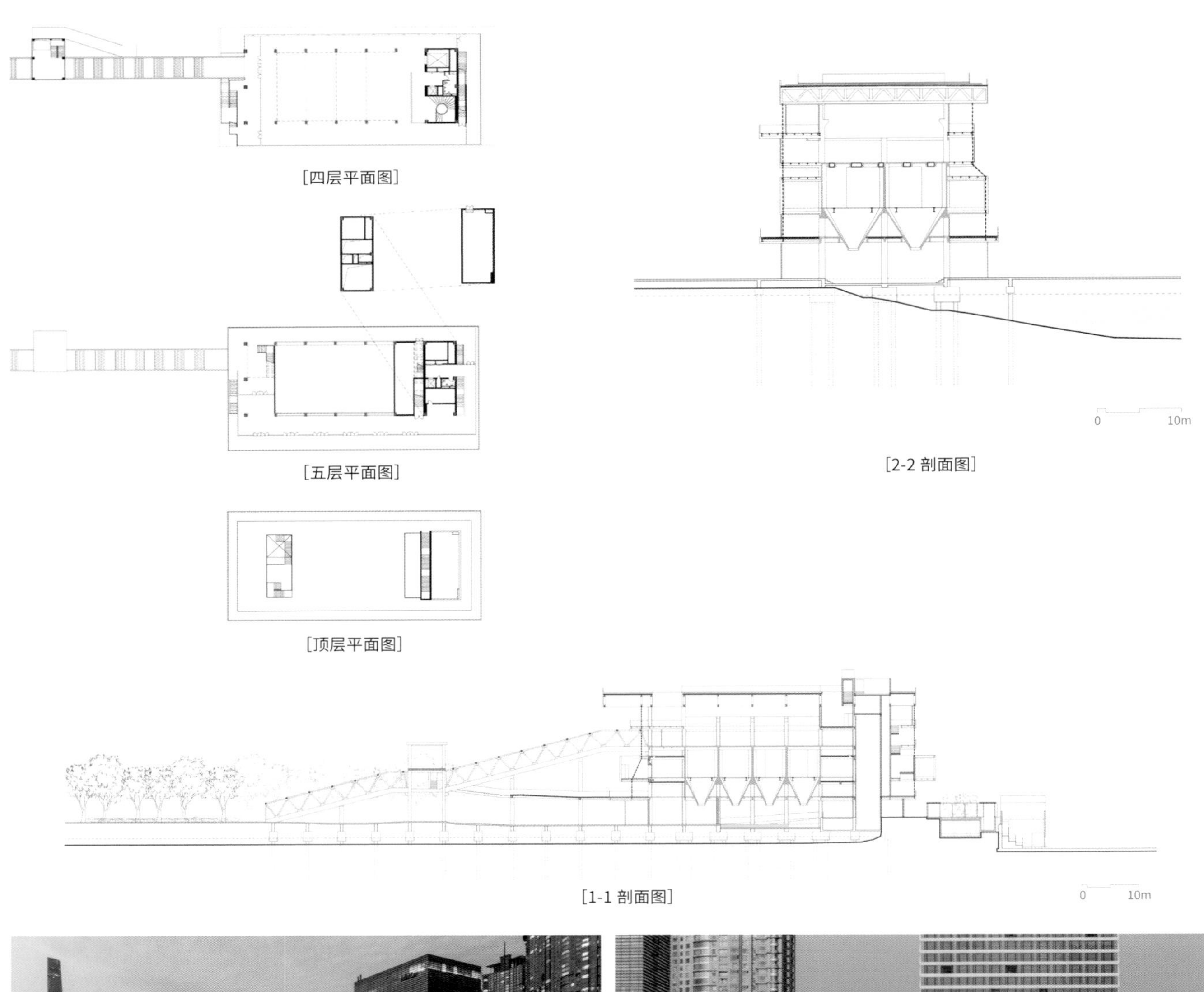

[四层平面图]

[五层平面图]

[顶层平面图]

[2-2 剖面图]

[1-1 剖面图]

升级后的艺仓美术馆对于展览空间面积的需求远大于原有煤仓的空间面积，为更好地组织空间，并最小限度地破坏现有煤仓结构，设计采用了悬吊结构，利用已经被拆除屋顶留下的顶层框架柱，支撑一组巨型桁架，然后利用这个桁架层层下挂，下挂的横向楼板一侧竖向受力，作为上部悬吊，一侧与原煤仓结构相连，作为竖向支撑，这样既完成了煤仓仓体作为展览空间的流线组织，也以水平的线条构建了原本封闭的仓储建筑所缺乏的与黄浦江景观之间的公共性连接。略微错动的横向层板既是空间，也是景观，仿佛暗示了黄浦江的流动性特征。编织的"V"字形纤细的竖向吊杆也赋予改造后的艺仓美术馆以特别的形式语言，它与既有的直上顶层的钢桁架楼梯通道的外观形式也取得很好的协调。

01/ 项目夜景

02/ 美术馆外观

煤仓并非孤立的构筑物，它原本和北侧不远处的长长的高架运煤通道是一个生产整体。作为浦江贯通中的老白渡绿地景观空间，更新后的煤仓和高架廊道如何成为新的滨江绿地公园的一部分是需要重点考虑的。如何有效保留既有的工业构筑物，既呈现它作为工业文明遗存物的历史价值，又赋予其新的公共性及服务功能，是设计必须解决的问题。高架廊道也采用了悬吊钢结构系统，这个钢结构利用原有的混凝土框架作支撑，既是原有结构的加固结构和高处步行道的次级结构，又是高架步道下点缀的玻璃服务空间顶盖的悬吊结构，这样这些玻璃体不再需要竖向支撑。这种纤细轻巧的结构和原本粗粝沧桑的混凝土结构呈现对比的同时，也获得了极好的视觉通透性，极大地保证了景观层面的空间感。

03/ 长廊俯瞰图

04/07/ 新旧结构的结合

05/06/09/ 丰富的公共活动空间

08/ 建筑结构细部

01

02

03

04

05

06

07

作为老白渡景观绿地的一部分，整个煤仓和高架廊道在满足新的文化服务功能、构建并置的新旧关系的同时，建立浦江贯通中一处重要的公共空间节点是更为潜在的设计任务。高架的步道、步道下的玻璃体艺术与服务空间、上下楼梯、从水池上蜿蜒而过的折形坡道、直上三层的钢桁架大楼梯、在大楼梯中途偏折的连接艺仓美术馆二层平台的天桥、在美术馆闭馆后仍能抵达、穿越的各层观景平台与咖啡吧、美术馆后南侧的折返坡道与公共厕所，都在构建独特的属于老白渡这个工业煤炭渡口区域在城市更新后的公共性与新的文化形象。它们将公共的美术馆功能与原有的工业遗构有效结合，在满足美术馆内部功能的同时，又赋予公共空间以极大的自由度，这也为美术馆在新时期的运营带来了新的可能性。

人们从沿江平台经过时，可以看到原状保留的煤仓漏斗，进入美术馆内部，进入人们视野的旧时煤仓的结构是艺仓美术馆的空间内核，同时也是另一种永不落幕的展览，向人们讲述着这个地点曾经的历史故事。最重要的是，这些曾经的废墟作为一种“活物”而不是“死物”被留存在新的生命体内。

01/ 纤细轻巧的结构和粗粝的混凝土结构相结合
02/ 高架步道
03/ 钢桁架大楼梯
04/ 观景平台
05/ 折返坡道夜景
06/07/ 略微错动的横向层板
08/10/ 室内展览空间
09/ 原状保留的煤仓漏斗
11/ 沧桑斑驳的室内墙面
12/13/ 盘旋而上的楼梯

上海长江斯迈普电梯厂区改造

项目名称：上海长江斯迈普电梯厂区改造
项目地址：上海市
建筑面积：5 000 ㎡
设计公司：ATAH 介景建筑设计（上海）有限公司（以下简称介景）
摄　　影：赵奕龙

2018 年的夏秋之际，介景参与了嘉定区曹安公路沿线的一系列工业项目的设计，其中上海长江斯迈普电梯厂区的改造采用了轻质化的更新策略，项目于两年后竣工落地。上海长江斯迈普电梯厂创立于 20 世纪 80 年代，素有电梯行业的“黄埔军校”之称。千禧年后，通过引进德国生产工艺和生产规范，上海生产的斯迈普电梯开始返销德国，并畅销海内外。从产品到企业文化，德系制造业的工匠传承精神正逐渐渗透进上海长江斯迈普电梯厂的基因中。业主希望这种融合能通过建筑改造显性地呈现出来。

01/ 项目鸟瞰图

沿曹安公路一路向西，现代化的城市街景风貌便逐渐消失。在低密度的天际线下，即使从数千米之外，也能看到厂区标志性的百米电梯高塔，其紫红色的圆柱体被菱形金属网包裹，在夕阳下滚动着霓虹。在改造之前，由于街道大幅退让，低矮深灰的厂房主体被遮掩在沿街绿化带之后，这使得行人即使路过也难以感知到厂区的存在，而场地内混杂的流线秩序与独立高耸的电梯塔加重了这种显隐之间的冲突。站在改造的起点不难发现：企业急迫迭代的雄心和繁杂生产之间的摩擦并置而生，而这也为设计提供了明确的方向与契机，既在确保功能布局高效清晰的前提下，更新的空间形态应能使厂区摆脱其在地块内的模糊性，重新获得丰富的层次以及鲜活的企业形象。

[改造前状态]

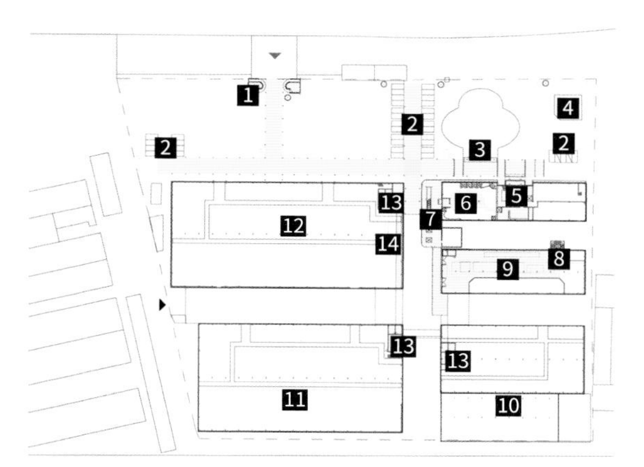

[首层平面图]

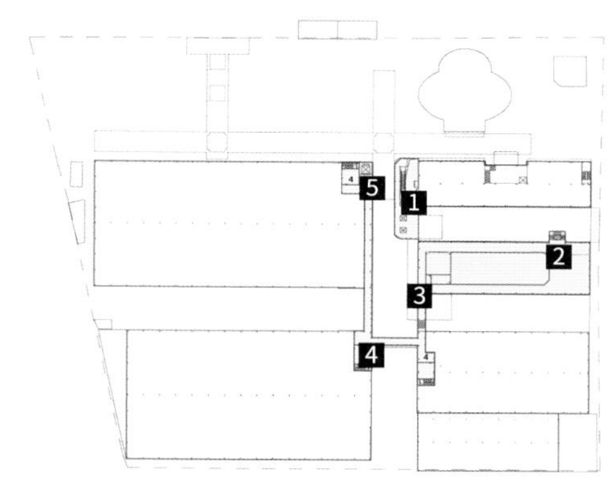

[二层平面图]

1 门卫
2 停车场
3 实验塔入口
4 俱乐部
5 办公楼大厅
6 展厅
7 扶梯厅
8 电气车间一
9 电气车间二
10 主机、门机车间
11 门板车间
12 柔性数模车间
13 休息站
14 电梯展示长廊

1 扶梯厅
2 电气车间三
3 企业文化展廊
4 工作站
5 测试电梯塔

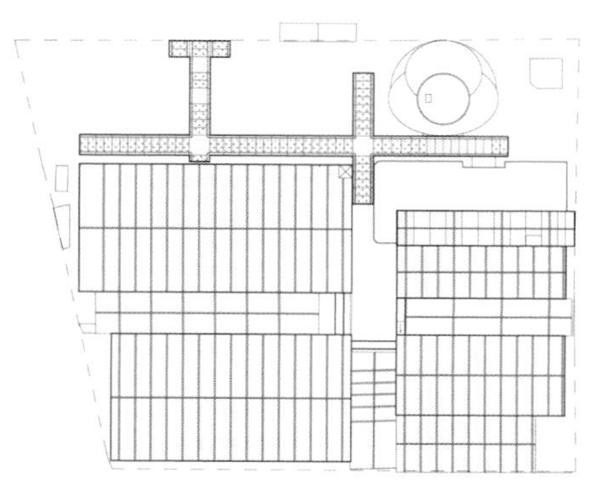

[屋顶平面图]

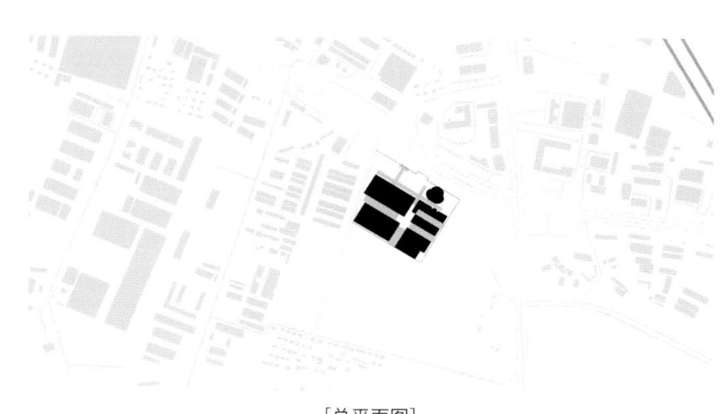

[总平面图]

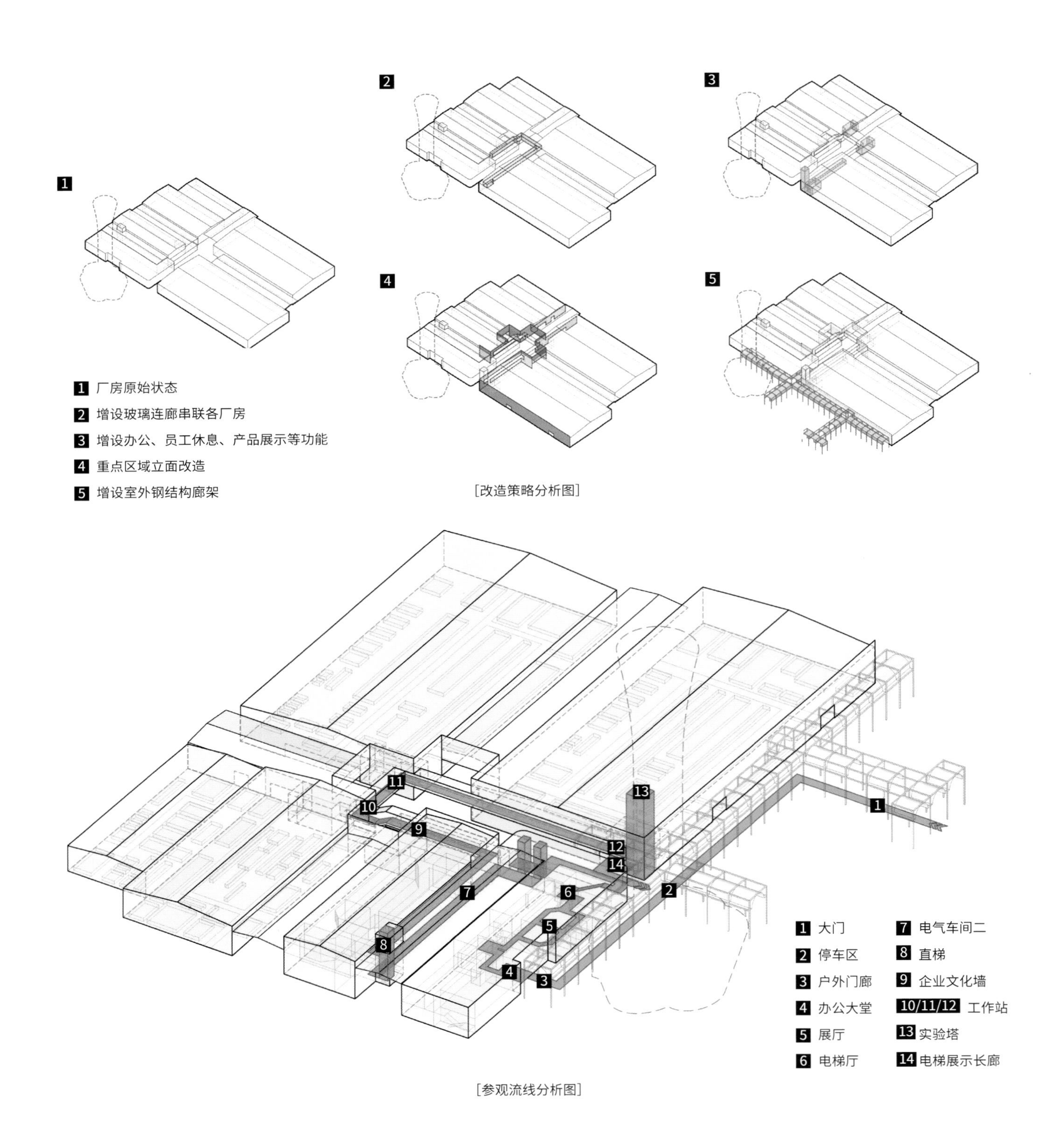

[改造策略分析图]

[参观流线分析图]

设计师认为无论是以包豪斯风格还是以黑白灰为设计线索来体现德国基因都会落入风格化的陷阱之中。设计师提出以秩序的搭建统领空间层次，以流线的梳理来整合众多的现场要素。新秩序的建立主要基于两点目标：①对于园区内部，对功能空间和到达次序予以清晰的界定，并通过与线性展示空间并置、与点状办公空间结合，使重工制造过程成为活跃空间的核心；②对于城市尺度，改造后的厂区沿街界面兼具古典的序列感和现代的形态质感。由半圆为母题生发出的室外廊架体系赋予厂区灵活、优雅的外观印象，同时也是电梯作为交通载体与建筑内在关系的生动诠释——线性、快捷、长驱直入。

01

02

03

园区的外部空间调整策略提取了现有厂房的柱跨逻辑，通过钢构单元 (6 m×7.8 m×11.4 m 高) 的组合，构成了有覆盖的线性空间、顶部开放的节点空间以及局部变化的门廊空间。当访客驾车从正入口的中轴线驶入，虚实结合的顶部交替呈现光明和阴影，秩序感也在细腻的构造层面得到表达。转入东西向长廊空间之后，15 跨的连续拱廊将访客带往东侧的办公展示区大厅。园区两处办公楼的入口均在厂区东侧，但相对错开。设计通过 4 跨变体单元及 4 组近人尺度的定制吊灯，定义了入口外廊的仪式空间。

01/ 项目黄昏鸟瞰图

02/ 连廊是厂区和办公空间的衔接

03/ 拱廊与草坡广场

01

02

03

04

外廊的基本单元由深色方正的格子构造与悬浮的拱形穿孔铝板构成，两翼水平向长 1.05 m 的薄板集合了灯光和排水装置，并为步行空间提供了一定的顶部遮盖。顶部渐变发散的细密纹理对阳光的透过率约为 60%，在活跃光影的同时，在长轴方向形成视线的扰动，进一步加强了人们在拱下行走时的空间感。

01/ 厂区入口

02/ 主入口区域的拱顶及吊灯 03/ 连廊光影肌理

04/ 拱廊日景

05/ 空中连廊

06/ 内院对景

07/ 空中连廊内部

05

06

07

在对原有的独立展览区域进行一定的界面调整后，从自动扶梯厅开始，由镶嵌在厂房外立面并环绕爬升的、平面为“U”字形的连廊（层高 4.2 m）形成的参观路径成为建筑的新展示面。在悬浮连廊的内侧，参观者可于行进中观摩工厂各部门的生产全貌；而在靠近庭院的外侧，参观者则可以感受院落及建筑体量间积极的空间联系。舒缓的水平向流线在转折的节点被放大为一层有外采光的工人休息区和二层可对内观察的管理区。建造连廊的同时，外立面采用 3 mm 厚深色铝单板统一高度，重塑了环绕庭院的厂房界面，明确了体块交接差异，从而赋予内院天际线明确的体量叠加关系。

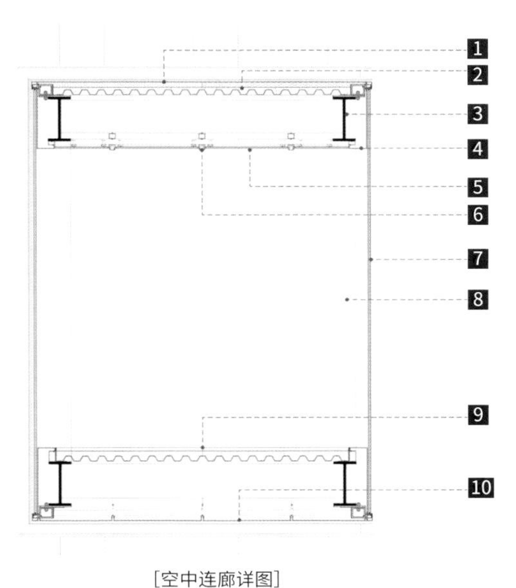

［空中连廊详图］

1 保温复合铝板屋面
2 压型钢板混凝土组合楼板
3 400 mm×200 mm工字钢梁(表面喷涂氟碳)
4 2.5 mm厚浅灰色铝板
5 18 mm厚石膏板吊顶(表面喷涂白色乳胶漆)
6 白色亚克力盖板(内置T5灯管)
7 6+12A+6中空双层超白玻璃
8 200mm×200 mm钢结构桁架腹杆(表面喷涂氟碳)
9 2.5 mm厚浅灰色铝单板吊顶
10 2.5mm厚浅灰色铝单板吊顶

在参观流线的收尾处，依照业主要求，环廊的终点增设了 24 m 高的试验塔（待建）。参观者将在此处体验从底部光线幽暗的空间被抬升至明亮塔顶豁然开朗的感觉，并再次一览厂区全貌。

01/ 半空鸟瞰图
02/ 厂区内部及构图关系 03/ 内院鸟瞰图
04/ 景观与建筑
05/ 连廊光影肌理
06/ 工作站与生产区域
07/ 环廊对视
08/ 悬浮长廊
09/ 拱廊鸟瞰图

上海长江斯迈普电梯厂的改造在预算和施工时间双严控的前提下，没有采用大拆大建的建设模式，而是采取单元化、轻质化的加建方式，辅以景观手段处理外部空间。作为整改大于重建的工业厂房更新项目，改建的作用绝不仅限于功能的完善、形象的美化，更在于提取场所自身的元素价值，借由对空间格局的调整，达成重塑感染人心的环境的目的。

北京密云儿童活动中心改造

项目名称：北京密云儿童活动中心改造
项目地址：北京市
建筑面积：6 300 m²
设计公司：REDe Architects（北京莱弟建筑设计有限公司）、上海末广建筑设计有限公司
摄　　影：夏至

缘起

受新型城镇规划的影响，北京的城市更新由郊区逐渐蔓延至城乡接合处。密云区北庄镇原服装制造产业结构在乡村产业发展的要求下发生了变化。本项目的前身是一家建于 20 世纪 90 年代的服装制造厂，业主买下整个空置的厂区后，拟保留原有建筑物，并将其改造成以儿童科技馆为主，融合酒店、亲子教育、游学营地、商业等综合业态的少年儿童活动中心。

01/ 园区鸟瞰图

[改造前状态]

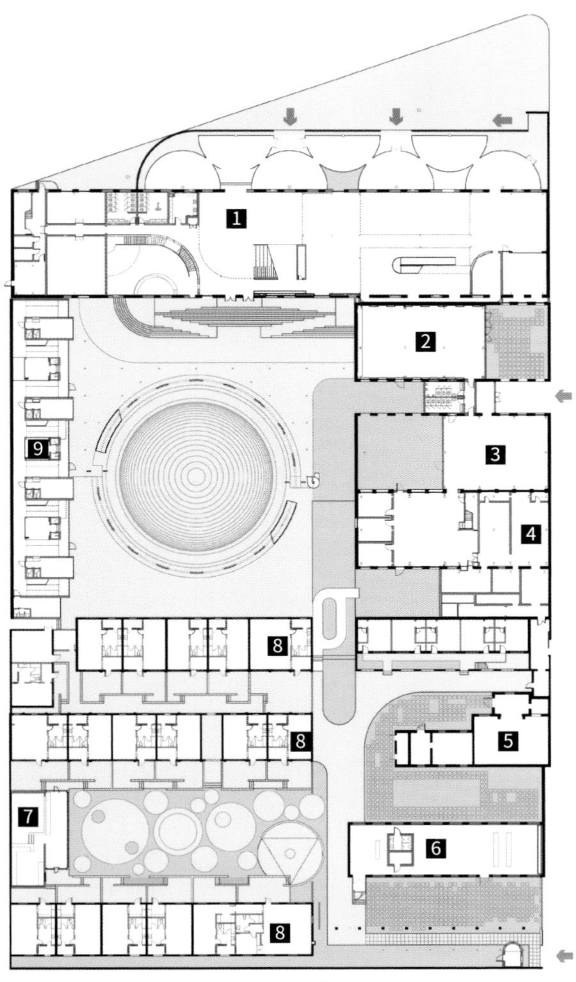

[总平面图]

从场地出发的规划

整个厂区主要分为南北两院。北院是以排架结构为主的单层单跨大厂房，曾经是服装厂区内最重要的生产车间。南院是有砖承重墙和木桁架屋面的多间小开间红砖房，它们曾分别用作库房、集体宿舍和食堂。基于原始建筑的尺度和结构特性，设计师把儿童科技馆、多功能厅和餐厅等需要大跨度空间的功能区集中在北区；把酒店住宿功能区集中在南区。

为了回应场地内不同的限制条件和功能需求，设计师对12 个单体建筑采用了不同的改造策略，而不同的改造策略需对应不同的结构形式和构造设计，所以设计师在改造过程中并没有针对不同单体建筑去预设一个统一的风格，而是将空间叙事体验的重点放在单体建筑之间以及整体建筑群与山体环境的关系上。设计方案在大体量厂房与北方苍茫山脉间营造近人的尺度，通过置入步道、廊道、小广场和过庭等一系列空间构筑物，营造从北院活动空间到南院住宿区连续的立体景观，并使其作为密云服装厂改造项目最大的空间体验特色。

1 儿童科技馆
2 会议室
3 餐厅
4 厨房
5 车间
6 接待大厅
7 阳光房
8 客房
9 儿童营

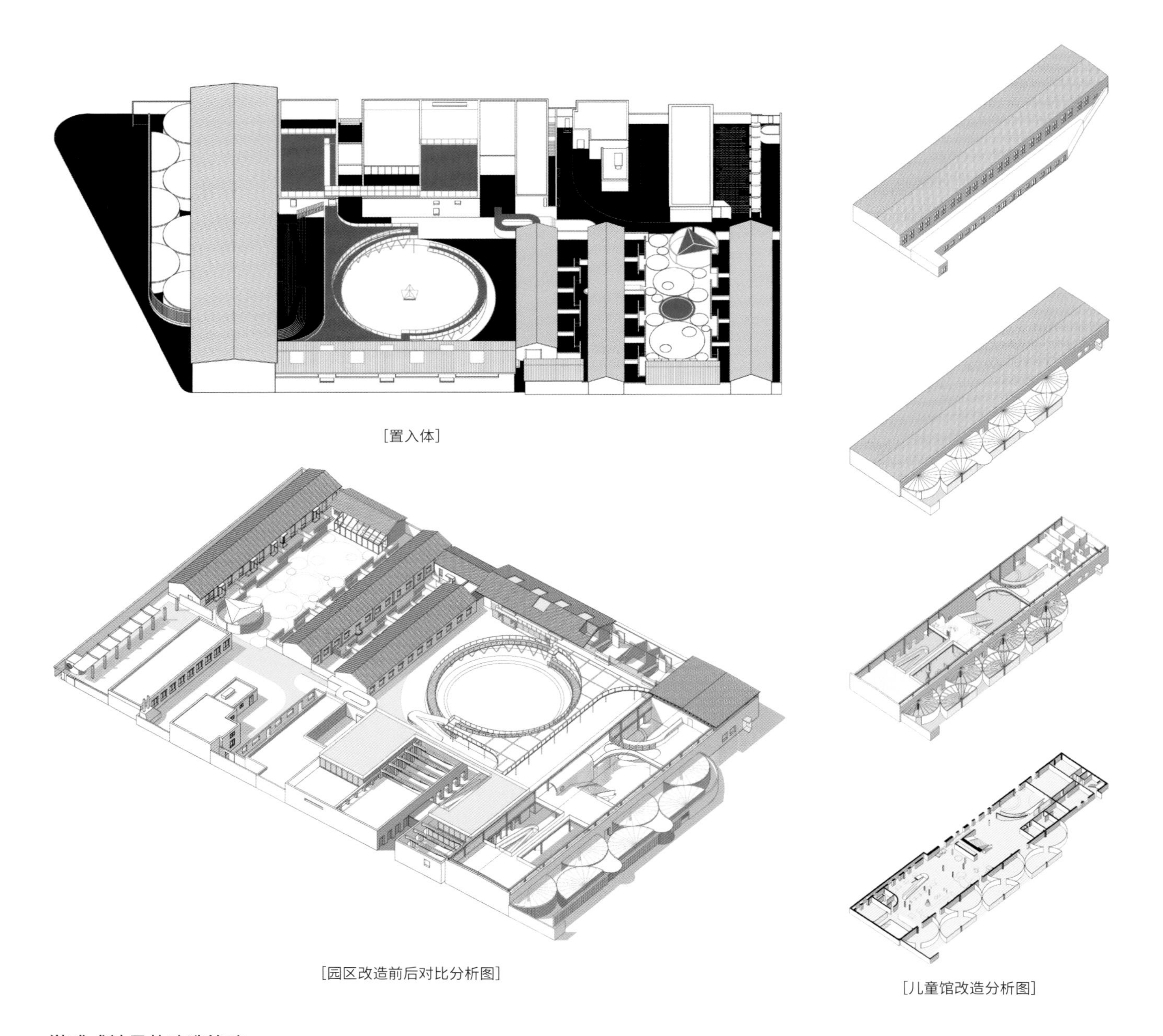
[置入体]

[园区改造前后对比分析图]

[儿童馆改造分析图]

游戏式地景的改造策略

设计师希望把孩子当作形式的鉴赏家，于是采用抽象的几何构件进行场地内的景观设计，给孩子提供一个抽象的超现实场景，让他们能够随心所欲地诠释它，任意想象这些形状的可能性，去想象故事进行冒险，运用直觉创造出数不清的玩法。

北院原为水泥砖硬质铺地，设计师置入了圆环坡道和钢格栅平台，用一个巨大的玩乐构筑物联系西侧儿童营地与东侧餐厅屋顶露台，使孩子们可以在不同标高地奔跑玩耍、钢格栅平台同时为地面草坪活动提供了半透的遮阳区，使空间呈现出戏剧性的整体感。结合原始园区的气质和建筑的立面材质，设计师采用回收的红砖和水泥砖作硬质铺地主材，点缀以塑胶跑道，为儿童提供可以恣意跑跳的趣味空间。

设计师不希望限定孩子的认知与想象，所以在圆环步道结构和空间的设计上摒弃了传统样式，采用类似正弦函数的斜柱拼成几何图案来代替直立的柱子，空间的动、静体验随着孩子们的运动交替变化着。位于草坪中心的消防水池出口被设计成一个楔形的光学小亭子，将天空拼合在草坪里；建筑外立面均采用了几何色块与线条作装饰，目的是给孩子一个弹性的想象空间，让他们自己在空间里去探索与互动。设计师期待孩子进入这个特别的场地后，通过自己的感官来增强对自然的感知，在屋顶奔跑玩耍时，也有大山和天空做伴。

01

02

03

04

05

06

01/ 连接天空与大地的跑道

02/ 枣树与延展的纽带

03/ 联系儿童营与观山露台的景观步道

04/ 夜里，结构变成手拉手的回旋舞

05/ 可以触碰到远山的半透明平台

06/ 天空从缝隙间漏下，夜晚的星空得以呈现

南院地面原为柏油路硬质地面，野蒿在老化的地面裂缝中蓬勃地生长着，放肆与粗犷。为了避免刻意的人工造景痕迹，设计师模仿野生植物高低交错成簇的生长肌理来打造南院花园。在植物配置上选择北方常见的宿根花草，希望它们在自然的生长与衰败间呈现动态的季相变化。设计师期待这是一个自然悟真的场所，孩子们在这里可以体验到自然最本真的美，观察到植物们随风舞动的形态、迎着光的样子与凋敝时的优雅。花园里的蹦床是宇宙中心的小黑洞，吸引着来往的大人与孩子们。

01/ 改造后厂区南院鸟瞰图

02/ 傍晚雨后的小院

03/ 从南院看向花房

04/ 水院

04

05

06

07

08

南北院之间，设计师根据高差设计了一处流动的水景，在水景上植入了一个胶囊形过庭，连接着住宿区、餐厅院与北院——它是空间旋律的轻缓停顿。考虑到周围建筑强烈的几何形态和单调的肌理，本项目需要一个视觉上的“冷静区”融入背景环境，过庭漂浮在水面之上，穿孔的金属板墙体自然重叠出摩尔纹，呈现出一种如面纱般微妙的动态效果。穿孔的金属板有时会让光线透过，带来清晰的视野；有时又会让光线发生折射和扭曲。

05/ 连接着住宿区、餐厅与北院的过庭

06/ 被捕捉的光，半透明和全反射带来虚实相间的效果

07/ 可望向远山的多功能厅前院

08/ 环境被朦胧地过滤

北区儿童科技馆

场地最北侧原为临时砖混建筑。该建筑采光差，不满足使用要求，于是被拆掉，代替以一列伞骨状单边悬挑结构作为入口商业序厅。序厅弱化了 70 m 长、7 m 高的厂房体量对临街入口的压迫感，作为人们从北广场进入科技馆的过渡空间。序厅室内由 7 个半圆形玻璃盒子相切而成，分别作为科技馆主入口、咖啡休息区和衍生品概念店等。它们如同一个个连续的小聚落。设计师将光的透射、反射与折射等一系列现象转化成不同的物理空间体验。连续的玻璃面反射了周围环境，使结构显得更加轻盈，将视线扩展到其他维度。

设计师通过重构展示空间与展品的关系来探索儿童科技馆内部空间的潜力，尝试营造游戏的无边界感，希望为 0~7 岁的儿童创造一个可以一起玩耍学习的混龄环境；利用原厂房的 7m 净高将功能从动到静按楼层分区；让儿童在地面层做环形动线的肢体游戏活动；在夹层空间的尽端处设置停留时间较长的启智游戏和教学区。为了使儿童在活动中与空间产生对话，在展项布局上以景观楼梯为中心舞台，沿厂房纵向分别布置钢坡道和弧形楼梯，充分利用楼梯底部的缝隙空间，结合滑梯创造出一个立体游戏区，设置自由路径激发各种运动的可能性。在展项分隔上，采用自由曲面，鼓励身体与空间的互动，拉网弧墙与横跨楼层间的织网可使孩子爬行穿梭。

[儿童科技馆改造前]

01/ 伞骨状单边悬挑结构

02/ 入口商业序厅

03/04/ 弧形楼梯与锥体滑梯组合成的幼儿游戏区

北区餐厅与多功能厅

场地东侧厂房临乡村道路，设计师将有对外营业需求的多功能厅、餐厅和厨房等大空间房间布置在此。为了解决原厂房进深过大、采光不好和热工环境差的问题，在平面布局上，设计师拆除原始夹芯板屋面，修复加固仅 5.4 m 高的原始墙体，采用钢结构体系加建二层空间；在原平面对角线位置预留了露天院落并保留原始混凝土排架结构，延续原始构件的秩序感。在时间维度上，原来的“内”与现在的“外”重叠在一个空间里。光的传递、原始墙体的序列、新旧的并置等要素都是关注的重点。设计师在两个厂房间嵌入门厅和卫生间体块来分隔北院与外部道路，同时让北院的视线直接与远山联系；会议室、餐饮二层空间顶部设置了景观廊桥，钢格栅地面与金属绳网的栏杆暗示着其作为圆环步道的延续，将人的活动导向屋顶平台。

[改造前的状态]

05/ 有光的“膨胀空间”与有影的“收缩空间”

06/ 在餐厅屋顶露台望向内院，发现新与旧的“平行”（施工中）

07/ 原来的“内”与现在的“外”重叠在一个空间里

08/ 餐厅室内梁柱均采用绿色氟碳漆，反差色带来了轻松的氛围

南区民宿接待厅

南区建筑群原结构体系为砖承重墙、木桁架屋面，呈南北向布局，原始功能为集体宿舍和食堂。设计师利用原建筑结构与格局，增加上下水系统并且提高房屋内的热工性能，将其改造成民宿客房区。

设计师将废弃车棚的建材用于民宿主入口前廊，并保留了场地入口处原始龟裂的沥青地面，期待春天野草和野花从裂缝中长出。

设计师将厂区内废弃的食堂改造成酒店接待厅，保留了原建筑斑驳的绿油漆墙裙和清水混凝土预制板屋面，并且置入不锈钢材质的卫生储藏功能模块、清水混凝土吧台和不锈钢卡座。精致的构件、家具与原建筑内表面斑驳肌理并置的设计策略，不但可以让新旧元素在保持真实性的前提下和谐共存，还互为作用产生了一种新的开放性和丰富性。极细的断桥钢窗户及门扇最大限度地使光和景色“流”入室内，也强化了洞口与墙体之间的比例关系。

01/ 清晨，被阳光“唤醒”的老墙

02/ 肋梁暗示着空间方向

03/ 傍晚，从咖啡厅望向前廊

04/ 改造后的民宿接待厅

南区花房

设计师有机会将南区主院尽端的小仓库重新建造成花房，功能分区分别是以壁炉为中心的半围合休息区和以会议桌为中心的开敞活动区。主体结构梁的延伸将天空与庭院引入活动区，将地坪抬高 50 cm 以增强活动区的场所感，使其与南院形成微妙的视线关系。支撑屋顶的钢梁一部分设置在小钢柱上，于是钢梁结构从砖承重墙上抬高了 30 cm。屋顶和墙之间的空隙则尽可能以玻璃填充，呈现通透漂浮感。游客从室内可以感知到分离，当进入或者离开这个房子的时候，型钢屋面和红砖墙体会让人感受到轻与重的张力，在强有力的体量和开放的明亮室内之间，产生一种悬置的关系。花房的“开放”和接待中心的“非开放”又构成另一重近距离的空间对应，人们在两者之间停留或穿过。

南区民宿客房

为了契合场地内原有建筑的材质和尺度，设计师相应地采用清水砖墙分隔室内空间，每户之间的室外庭院院墙及铺地也采用清水红砖，红砖均为附近拆迁村落的回收老砖。从民宿主入口到客房区，设计师利用矮墙、庭院和绿植营造出一条连续的户外体验路径，私密性和公共性被微妙地结合起来。

结语

改造后的北京密云老服装厂承载了设计师对孩子们在此成长的设想与期待。新空间的主角是来往于这里的人与家庭，他们与房子相互作用共同激活新空间的生活潜力，这才是以改造打动人的活力。多样开放的空间结构让项目后续的使用拥有更多可能性，并伴随着时光而演变。

05/ 砖榻、地面、窗台 3 种高度并置

06/ 用特定墙体围合非开放空间

07/ 新与旧的时间对话

08/ 客房里保留的老屋面

天津天拖 J 地块厂房改造设计

项目名称：天津天拖 J 地块厂房改造设计
项目地址：天津市
基地面积：13 874m²
建筑面积：14 779m²
设 计 师：肖诚、廖国威、李志兴、朱琳、梁鉴源
设计公司：深圳市华汇设计有限公司
摄　　影：张超

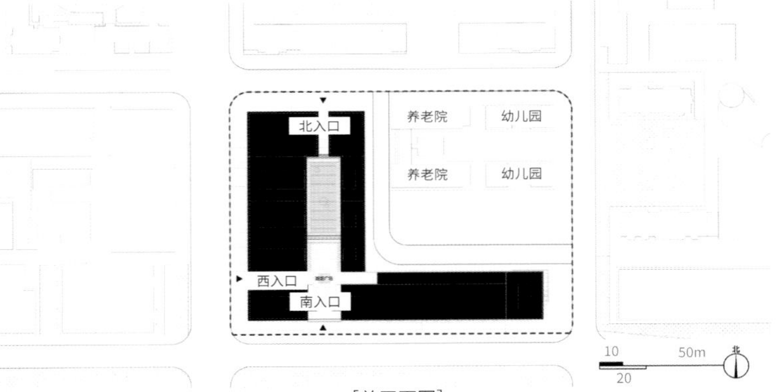

[总平面图]

天拖，是天津这座百年开埠城市工业文明的重要印记，承载着几代人的汗水和记忆。伴随着城市的功能更新与产业升级，它也不可避免地面临着被重新改造和定义的命运。而设计师试图去再造的，应该是一处有历史温度的场所。

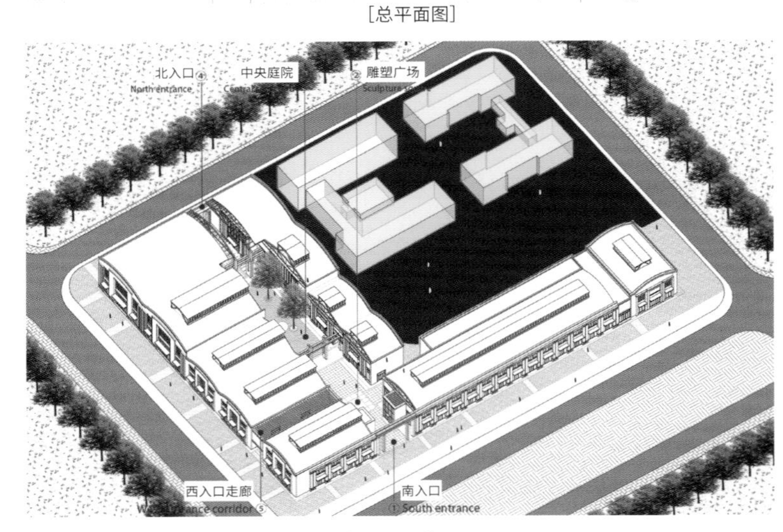

[轴测总图]

一、场地与解读

这里是我国第一辆汽车及第一批中马力轮式拖拉机的诞生地，是与天津城市共成长，具有极其丰富的文化、工业和历史价值的重要场地，承载着天津人对上一个工业时代的珍贵记忆。项目位于南开区城市主干道红旗路西侧。厂区内现状厂房保存良好，内部绿树成荫，现状道路保存完整，地面基本无大高程变化。

[改造前状态]

[场地区位]

[场地航拍]

二、思考与对策

1. 十字轴——时间轴与空间轴

上位规划已拆除场地东北部的部分车间，并将其作为幼儿园用地。由于剩余厂房的开间及进深尺度较大，所以采取植入十字轴的策略，把“L”形厂房分解成四个相对独立但又互相搭接的体量，这样可以有效减少大开间、大进深空间，提升内部空间可达性。

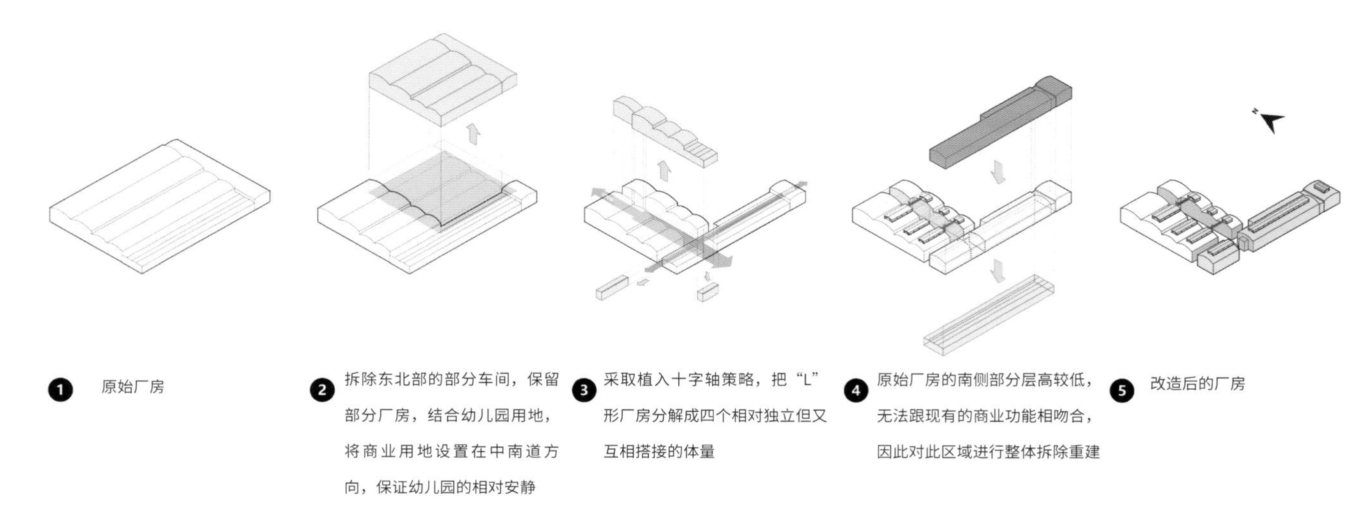

[平面逻辑图]

01/ 项目一览

1）时间轴：由于东西向轴线在结构体系及改造策略上跟时间发生了关系，所以称为时间轴。轴线以北为结构保留区域，轴线以南部分则为整体拆除重建区域。

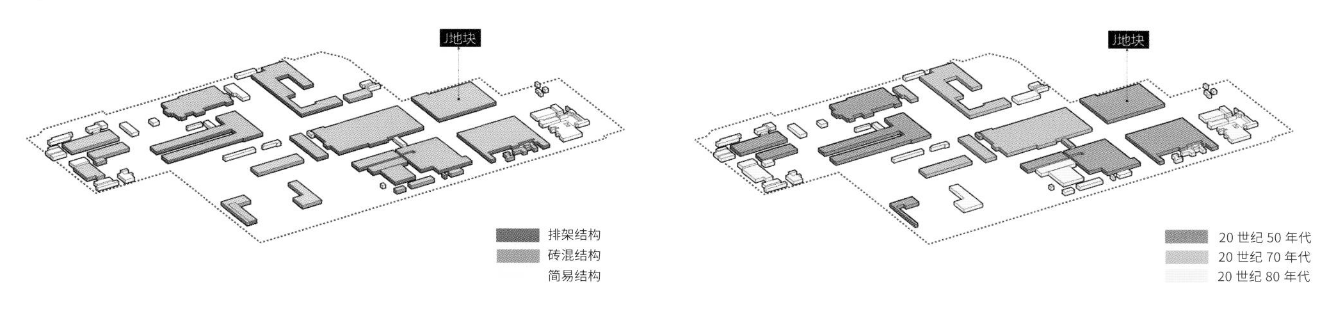

[建筑结构示意图]　　[建筑年代示意图]

2）空间轴：南北向的轴线被定义为空间轴，从南向往北分别设置南入口广场、雕塑广场、中央庭院及北入口广场等节点，空间由大而小，由外而内，形成尺度宜人且富有趣味的街道广场空间。

02/03/ 轴线街景

04/ 俯瞰轴线内景

05/ 空间轴营造的空间

2. 三重转换

天拖厂房原本主要包括铸造、锻造、生产、机修及总装等车间，从功能上实现流水式生产。随着时间的流逝，原建筑不能再满足现阶段的功能需求，因此需对其整体的功能、尺度及氛围进行重塑，以满足全新的社会发展需求。

1）功能转换：改造原来大跨度、无障碍的大型机械生产车间，将其转换成用于零售商业及展览办公的功能空间，并赋予其当代性。这种功能上的转变主要体现在街道空间、内部商业空间及外部空间等层次上。

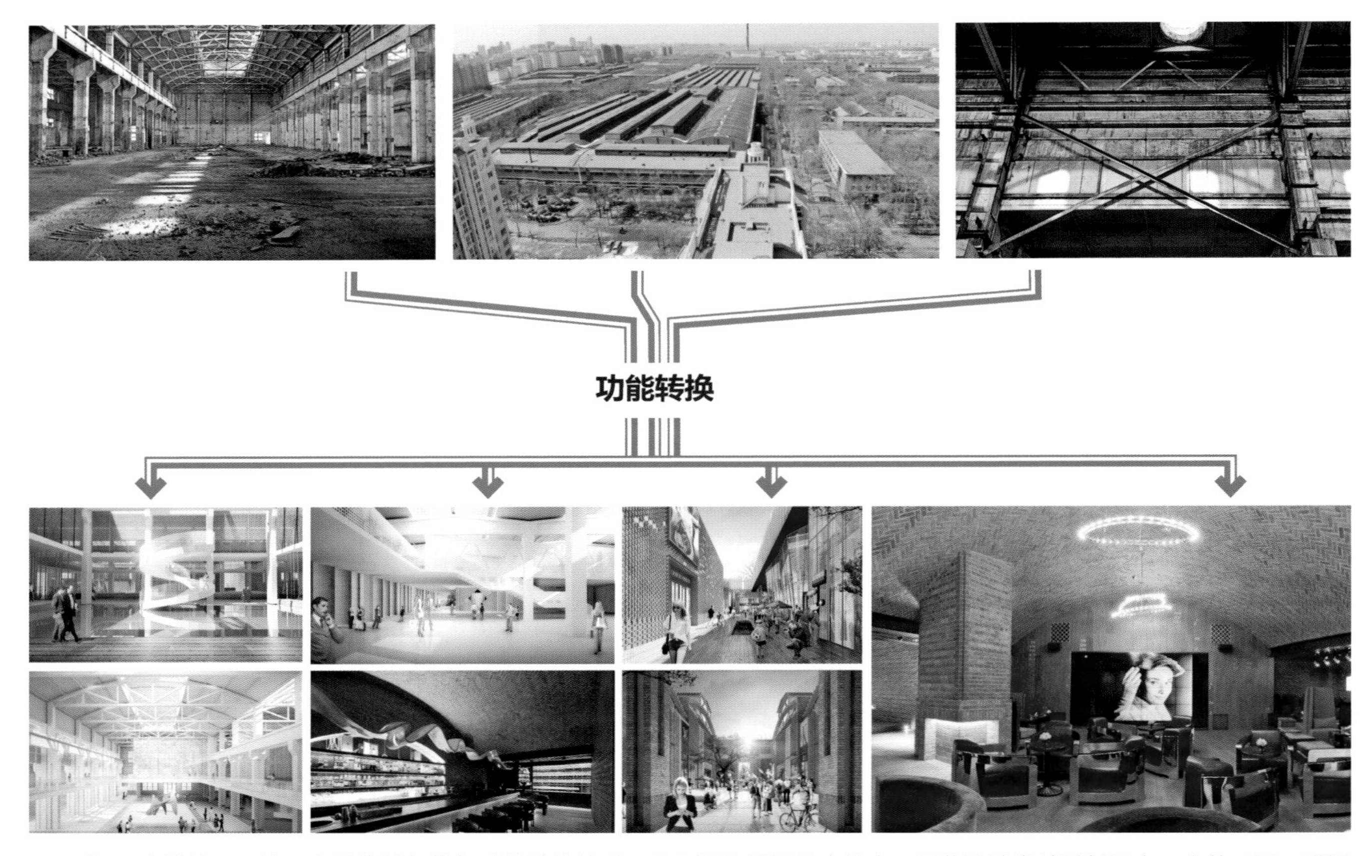

2）尺度转换：天拖厂房是牛腿加排架式的结构体系，且开间及进深尺度较大，因此设计尝试重新界定厂房的开间、进深及高度等，将其转换成能适应商业空间、尺度较小且相对宜人的空间体系，从而塑造出更具亲和力的商业空间。

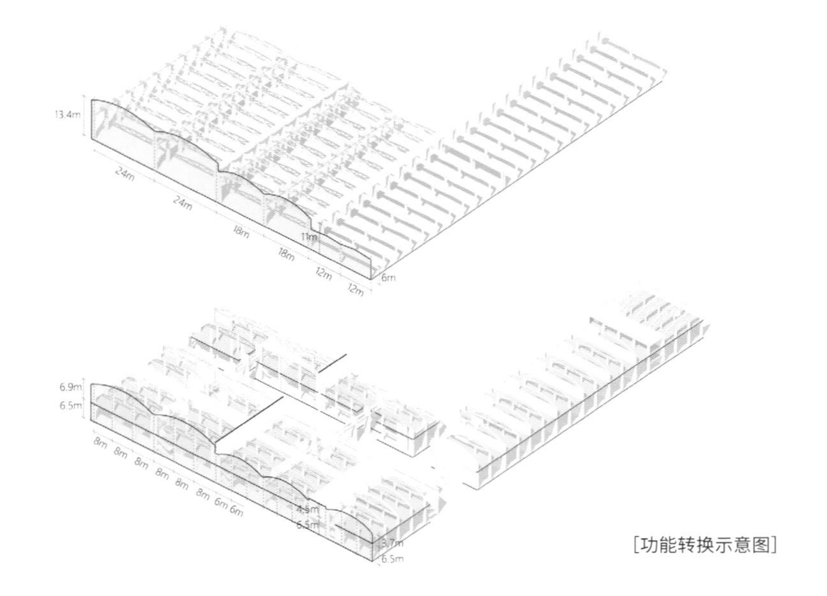

[功能转换示意图]

3）氛围转换：原来的厂房空间所呈现的是严肃、紧张的空间氛围，而现代商业空间氛围却是热闹、自由活跃且活力四射的，因此，设计师通过细分界面、更新材料、营造景观等方式营造出更符合现代人需求的商业氛围

01/02/04/ 南立面实景图

03/ 更具亲和力的商业空间

3. 场所营造

设计师对 J 地块厂房现状外部空间的构成要素进行归纳和总结，并对其有选择性地利用及重组，空间界面的材料语言延续原来厂房的红砖气质，尽量维持严肃的外部空间特质。

1）街道：遵循原来立面构成要素的基本尺度，植入壁柱、拱券、框等新的设计构成要素，并对其进行排列组合，从而演绎出既有商业气质又有当代精神的外部街道空间。

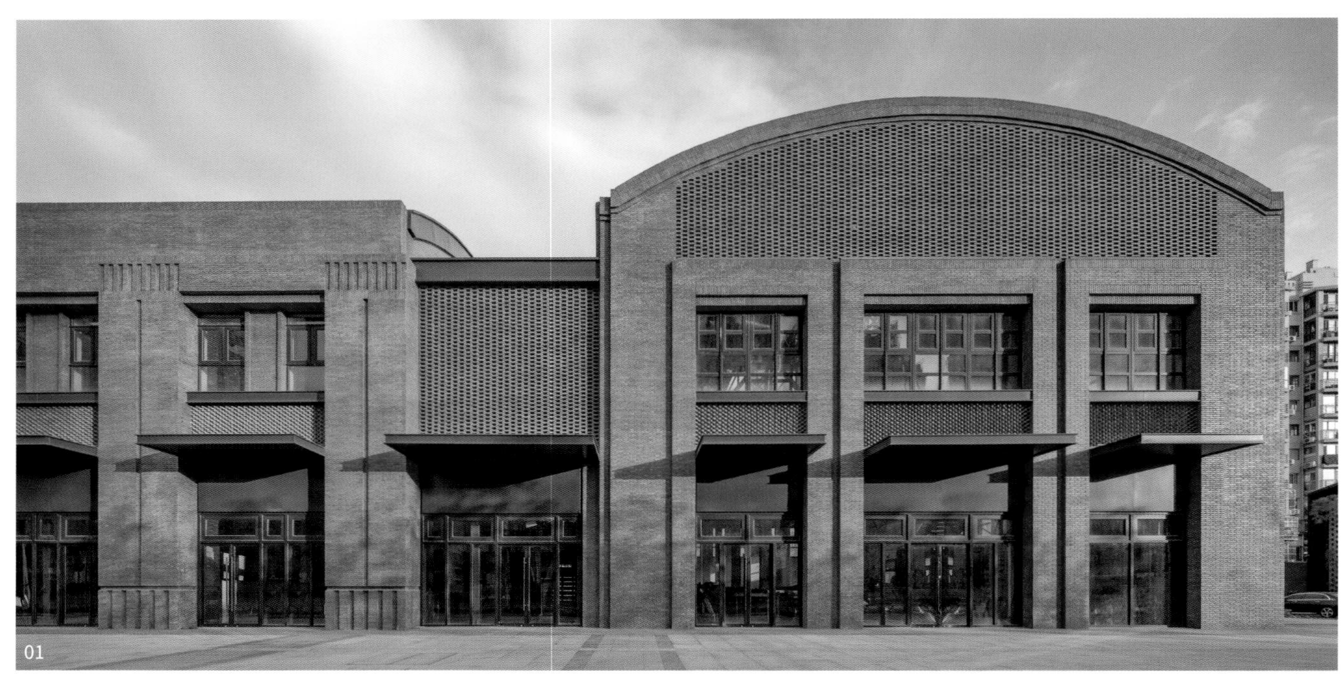
01

02

01/ 外立面实景

02/ 外部街道空间

2）内院：内院主要采取界定、围合与内置等渐进式的手法来营造，由南往北先抑后扬再抑，循序渐进，强化空间序列感及趣味性，形成丰富多样的空间体验。这种内院空间场所既能再现当代民族工业精神，又能与外部空间达到一种平衡。

03/04/ 轴线空间

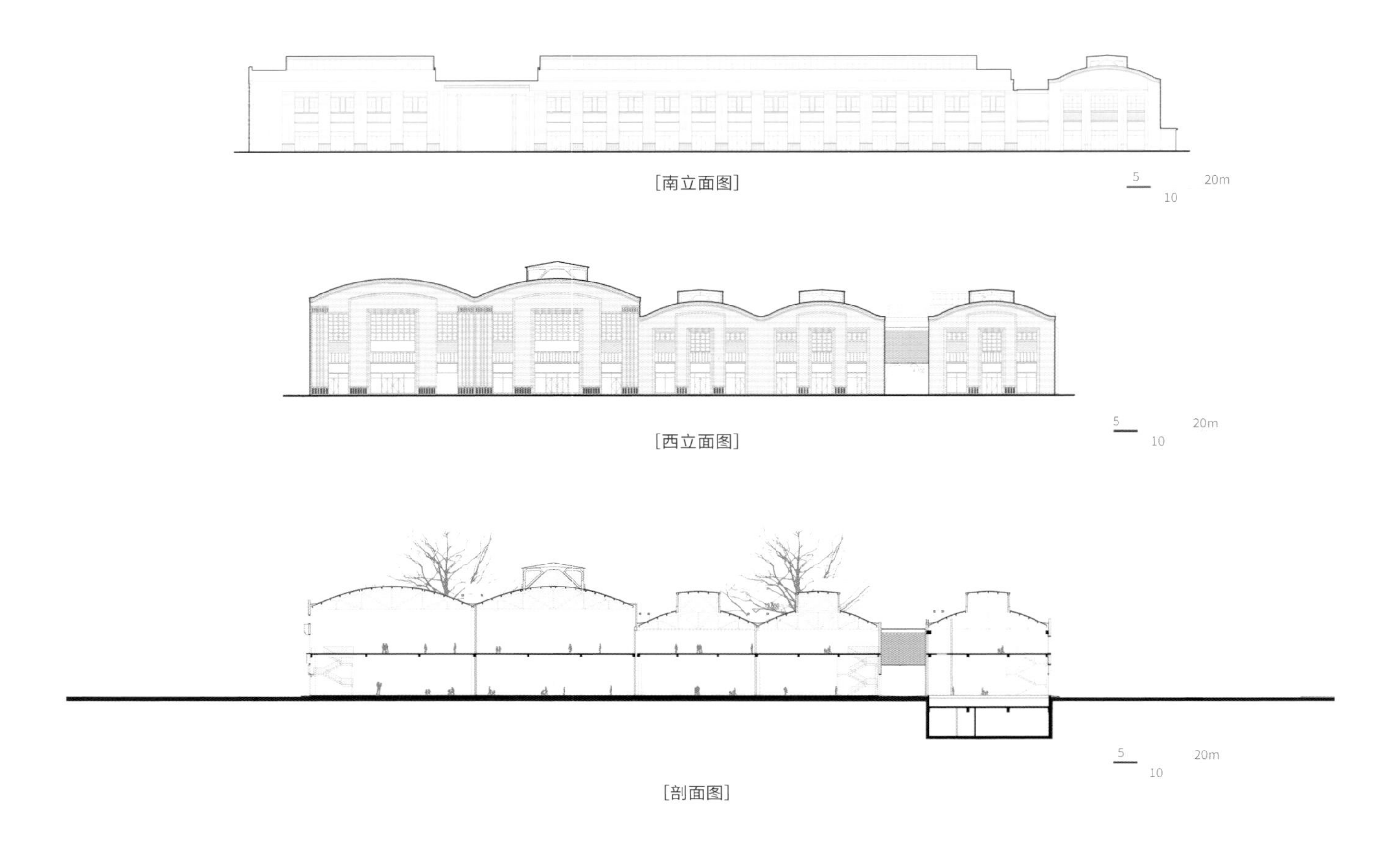

[南立面图]

[西立面图]

[剖面图]

4. 界面重构

通过对整个厂房外立面的调研与分析，设计师归纳总结出原厂房的基本构成手法，以 6 m 为模数尺度进行重新梳理，同时根据不同功能及商铺尺度需求，形成以下几种不同的界面处理手法。

1）外部——阵列：阵列是指通过有秩序地排列形成有规律性和序列感的界面。原来厂房的界面主要由有一定序列感的窗和框阵列而成。因此设计师尝试从原来的构成语言中提炼并演绎出以下几种界面重构手法。

柱系 : 主要以壁柱为基本母题，并以 6 m 为标准跨进行排列组合，形成具有一定韵律感的外界面，主要分布在南立面。

框系 : 主要以框为基本母题，并以 6 m 为标准跨进行排列组合，形成具有一定韵律感的外界面，主要分布在北立面。

五连拱体系 : 在遵循原来西立面构图原则的基础上，以拱为基本母题，通过 3 个跨度为 18 m 的拱与两个拱跨度为 24 m 的拱阵列而成，形成具有一定韵律感的外界面，主要分布在东、西立面。

01/ 柱系

02/ 框系

03/ 五连拱体系

2）内部——并置：并置就是将两个或两个以上的建筑语汇有机整合在一起，在整体界面中构成统一的空间关系。在本厂房改造中，内街立面的构成元素主要来源于东西立面，并通过壁柱、圆拱顶、片墙、镂空砖砌筑表皮及编织砌筑表皮等多元素并置而成。

三、材料与建构

天拖整体厂房属于老厂房改造片区，其主要材料是红砖。厂房的基本结构体系是新加钢筋混凝土框架结构及牛腿排架式结构体系。

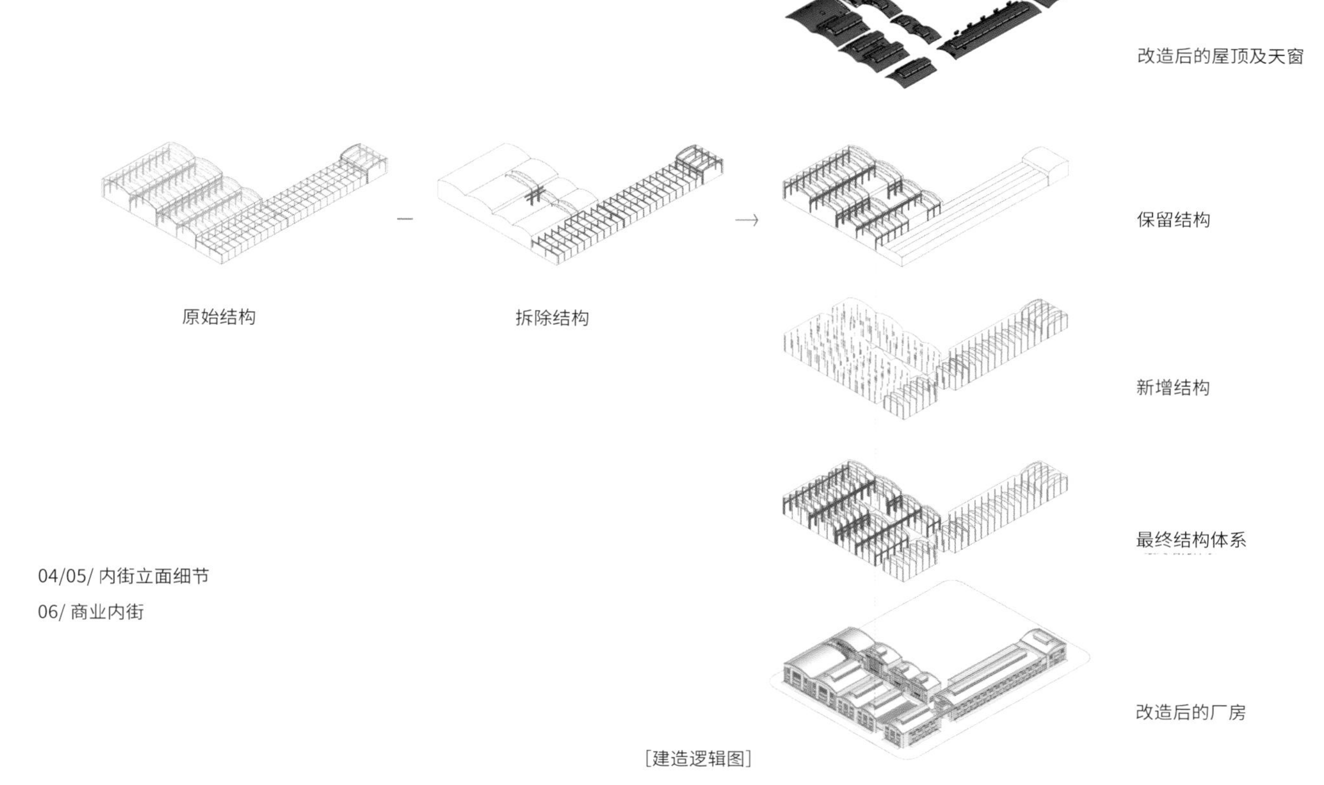

[建造逻辑图]

04/05/ 内街立面细节
06/ 商业内街

主体墙的构成主要是新加的钢筋混凝土柱及 250 mm 厚的砂加砌块保温外砌筑红砖表皮，因红砖砖墙受砌筑高度的限制，在砖墙结构体系里额外增加钢筋对砖墙进行拉接，以保证砖墙的安全稳定。

01/ 砖构材料符号（组图）

1. 南立面标准段

南立面标准段主要是通过柱的阵列而成，其中两个壁柱形成一个商业标准段。壁柱的宽和高分别是 2.1 m 和 10 m，柱础和柱头高度均为 1 m。标准段中间部分从下到上依次由玻璃门、店招、雨棚、横向编织墙、玻璃窗及横向实墙组成。

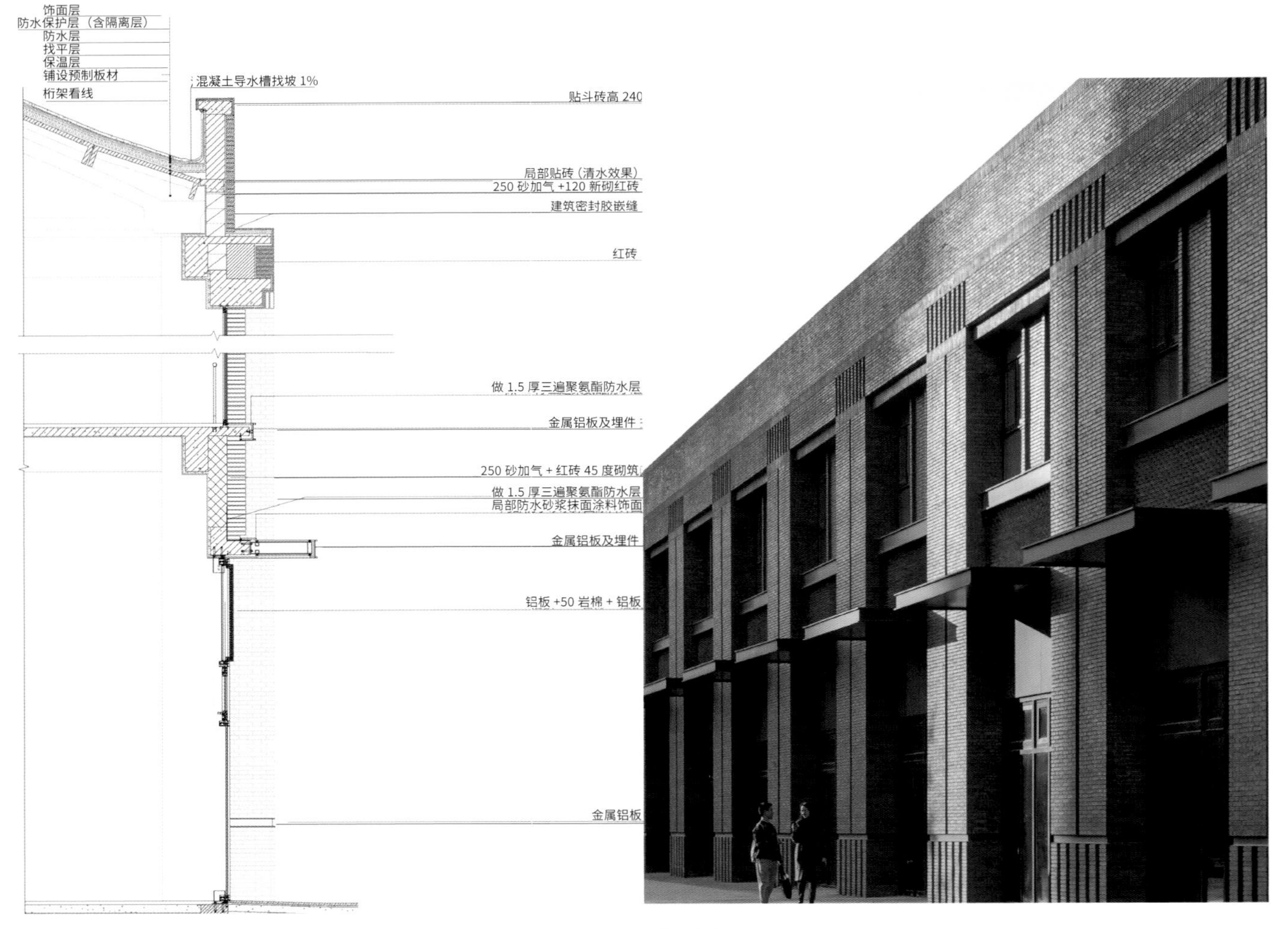

[南立面墙身节点图]

2. 北立面标准段

北立面标准段主要是通过“框”系阵列而成，其中一个框就形成一个商业标准段，其总宽 5.1 m、高 11 m，框的宽度为 0.6 m。标准段从下到上依次由玻璃门、店招、雨棚、横向镂空墙、玻璃窗组成。

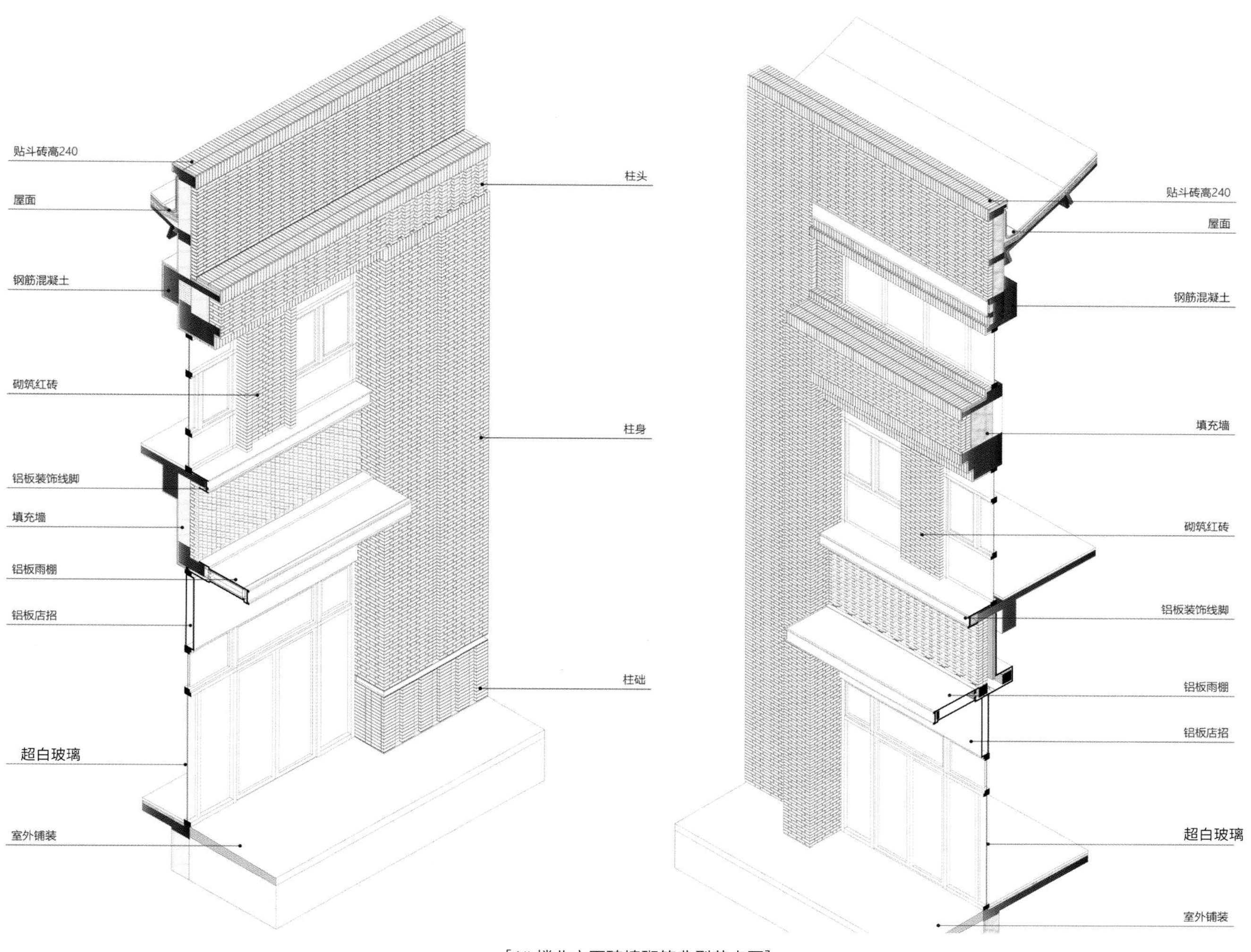

[4# 楼北立面砖墙砌筑典型节点图]

四、未来与展望

每座城市都有抹不去的历史记忆，一座伟大的建筑，抑或是一个了不起的地名。而天拖，这个代表了天津工业历史的名字，每每提起总让人思绪万千。

本次设计综合考虑了城市文脉、工业遗存、建筑功能、形式艺术、空间组织等因素，希望改造后的天拖厂房能完全融入城市肌理之中，再现民族工业的精神，进而成为南开区一道亮丽的风景线，致敬天津这座具有丰富建筑文化基因的城市。

深圳福田柠盟人才公寓

项目名称：深圳福田柠盟人才公寓
项目地址：广东省深圳市
建筑面积：39 000 ㎡
用地面积：8 000 ㎡
设计公司：DOFFICE 创始点咨询（深圳）有限公司
摄　　影：广州艾唯影文化传播有限公司、 创始点咨询（深圳）有限公司、王晓勇

城中村

20 世纪 80 年代初的改革开放触发了深圳经济特区与本土村落的二元发展轨迹，村落很快被现代城市包围，形成“城中村”。城中村为低收入人群和创业者提供了较低的城市门槛，对深圳城市化发展起到了至关重要的作用，但其中的安全卫生和社会问题也被人们所诟病。过去 10 年间，城中村改造一般意味着大规模的拆迁，被推到重建后，它们成为千城一面的高级商住综合体。深圳的城中村由 20 世纪 80 年代初的 300 多个迅速减少到如今的 200 多个，正在逐步走向消失。

攀升的房价和生活成本导致大量产业人才流失，人才保障性住房计划应运而生，但受土地资源以及旧区拆改难度的限制，城市中心区难以在短时间内为外来人口提供足够的廉价保障性住房，因此本项目成为深圳市首个城中村“握手楼”改造为人才保障房社区的试点。项目改造后，政府返租补贴，以低于市场价的房租出租给企业人才，补贴的金额相当于改造城中村的成本，形成一举多赢的局面。

[改造前状态]

[一层平面图]

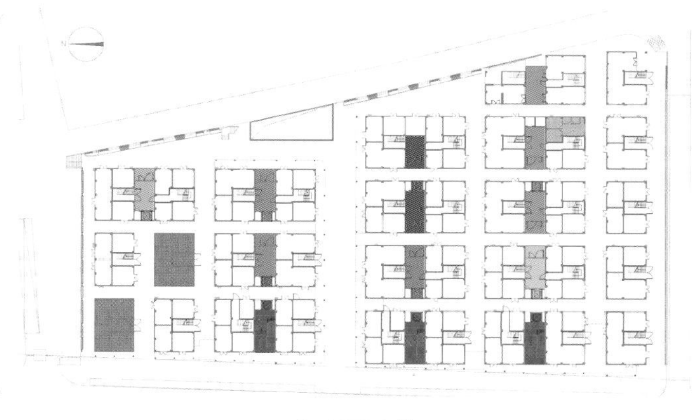

[二层平面图]

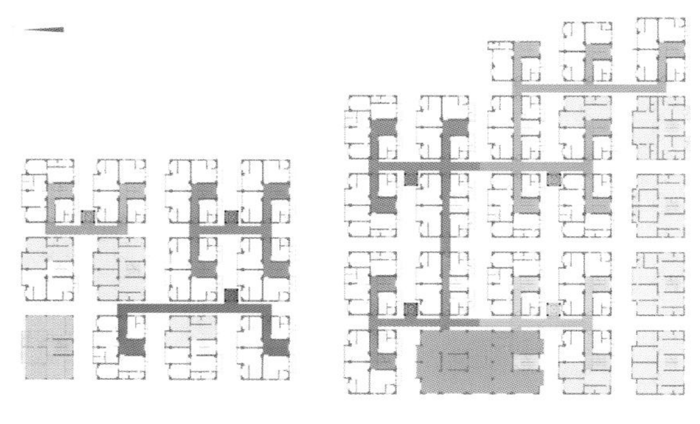

[五层平面图]

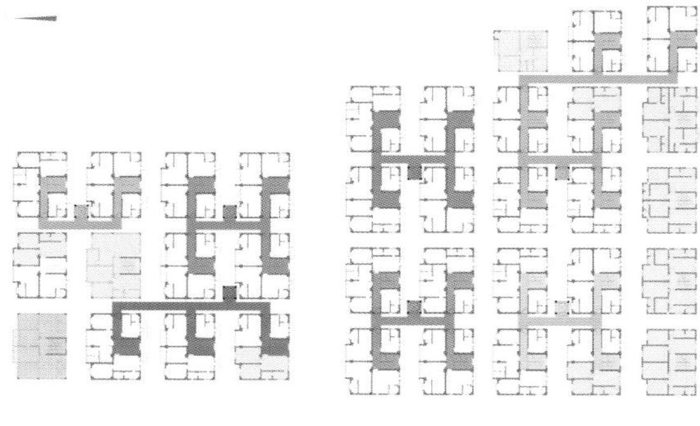

[七层平面图]

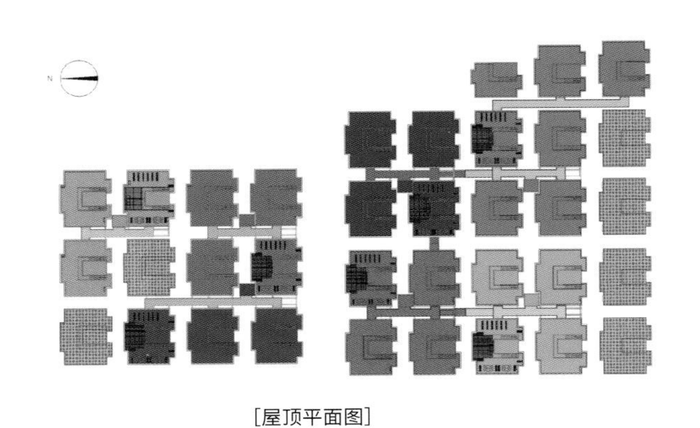

[屋顶平面图]

屋顶空间
电梯
空中连廊
青年之家会所
入户庭院

[叠加立体系统]

35栋独立的握手楼

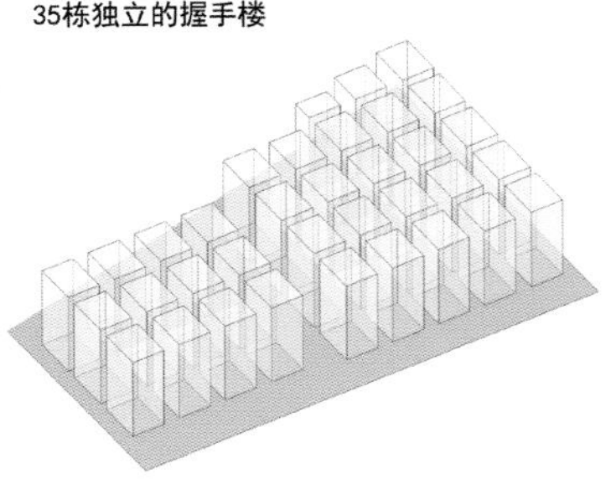

给迷宫般的巷道划分等级

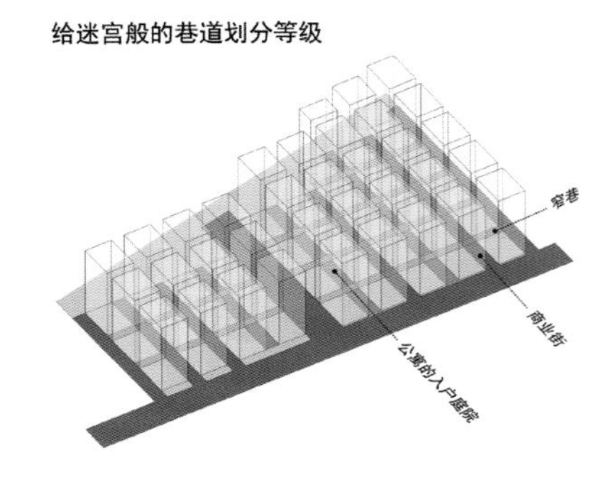

加入可以改善交通系统的电梯

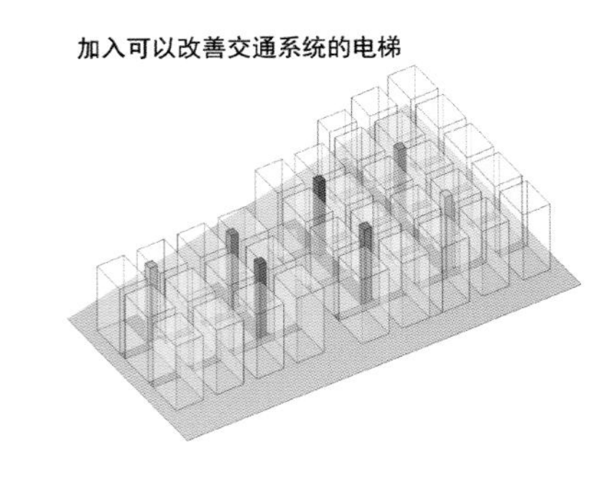

由电梯、空中连廊和青年之家组成的立体网络街区为900名社区住户服务

用色彩进行视觉引导，方便住户在迷宫般的街巷中认清方向

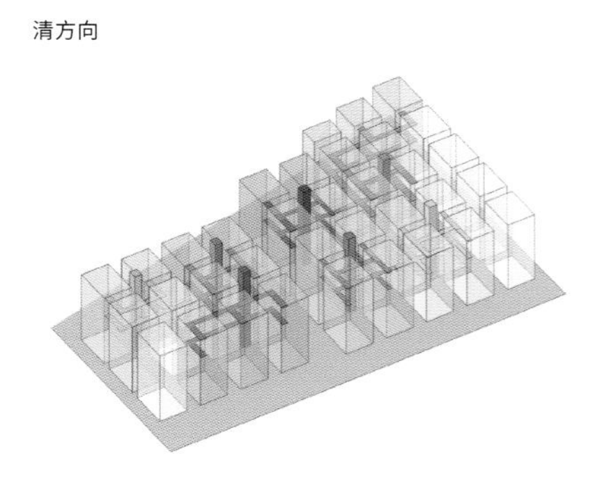

开放后的屋顶可用来洗衣、种植和休憩

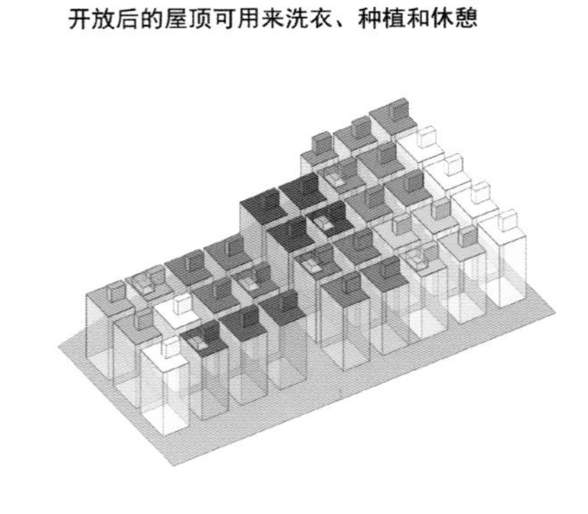

[设计策略]

规划策略

改造片区位于深圳中心区的水围村，规划面积约 8 000 ㎡，共有 35 栋统建农民楼，其中 29 栋被改造为 504 间人才公寓。改造设计保留了原有的城市肌理、建筑结构及具有城中村特色的空间尺度，并通过提升消防、市政配套设施及加装电梯，使其成为符合现代标准的宜居空间。

设计师关注的不仅是将农民房内部升级装修为 504 间人才公寓，更是如何将住在这 504 间公寓里的 900 名青年联系在一起，创建一个社区。而这个社区，又将会对水围村带来怎样的影响？

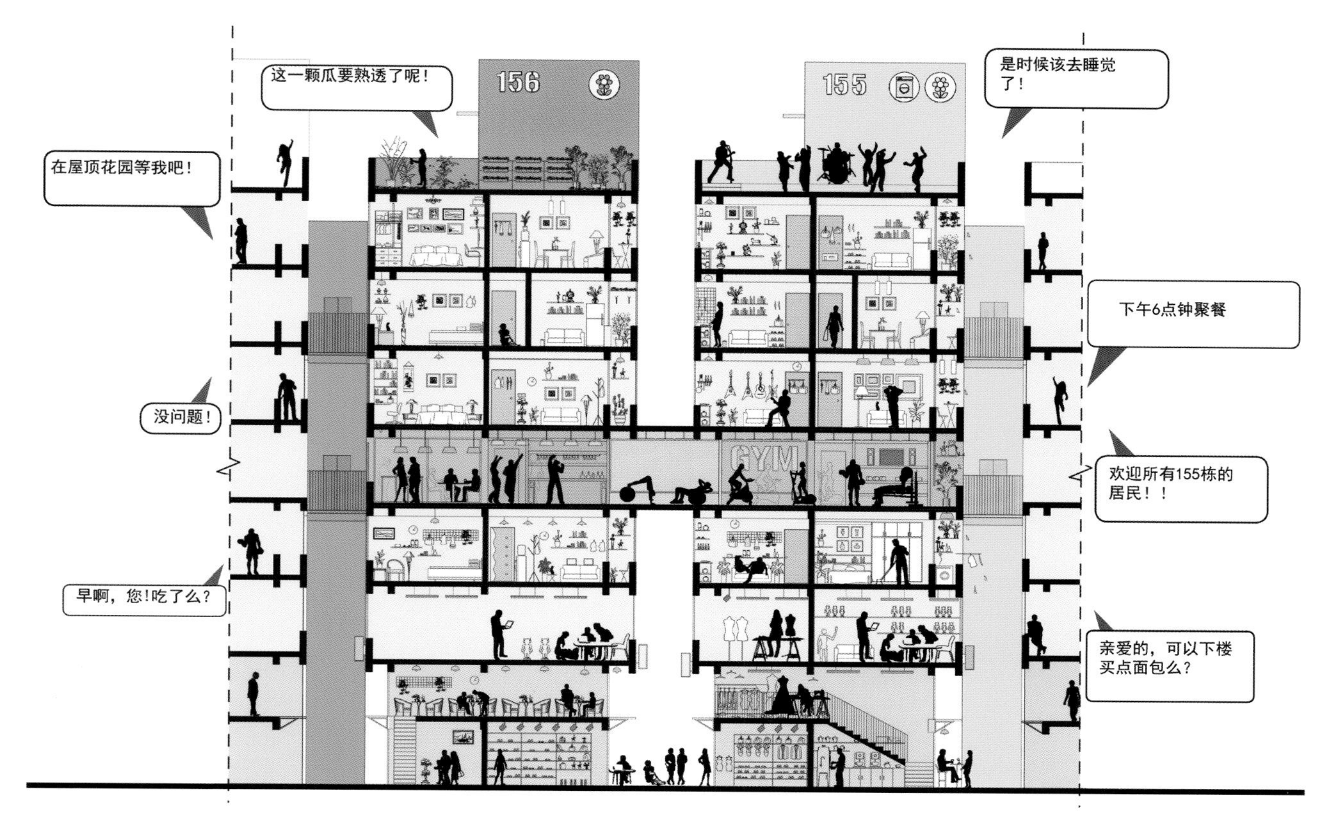

[剖面图一]

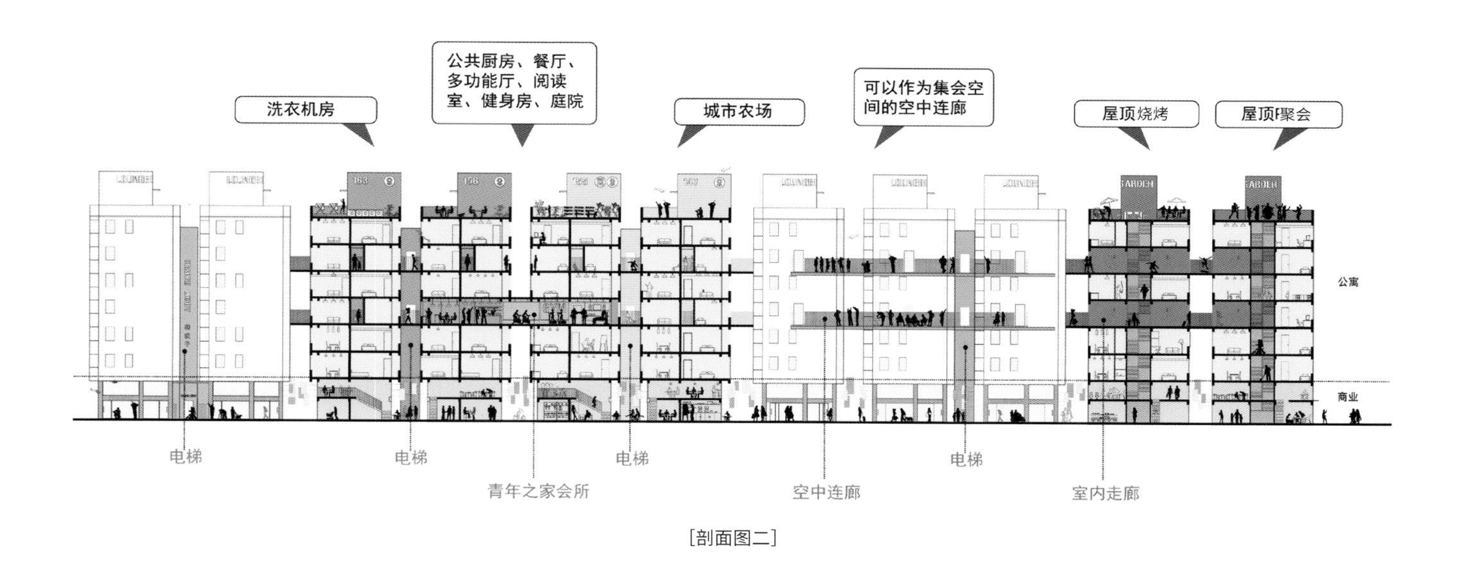

[剖面图二]

项目的 35 栋楼由村委股份公司统一规划，宅基地基本一致，楼宇间巷道宽 2.5~4 m，因而被喻为“握手楼”。楼宇的 1 至 2 层用于商业，3 层以上为住宅用房。如何组织这 35 栋长相一样的握手楼，如何组织传统商业街巷与公寓流线，如何避免迷宫般的布局，成为设计师接手该项目首要解决的问题。设计团队通过等级划分，将巷道分为商业街和小横巷，并将所有住户入口归入 9 个庭院，形成商业及住户流线互不干扰的格局。

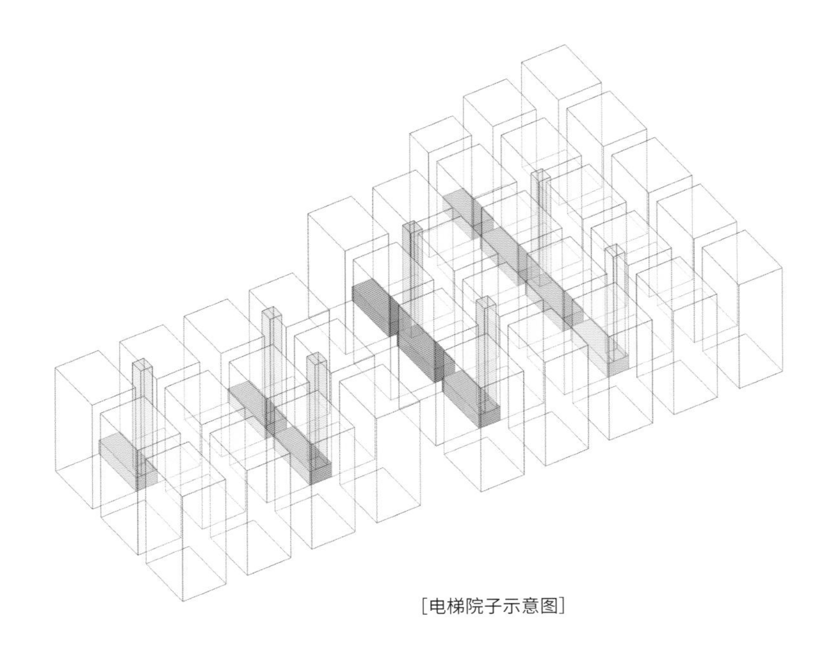

[电梯院子示意图]

电梯院子

设计团队在握手楼之间的“一线天”巷道里，架设了 7 座电梯和钢结构连廊，每座电梯首层均设有电梯院子，这里也成为公寓入口，因此社区并没有一个主入口，也不是封闭的社区，而是一个开放的社区，与村里的商业街、古井遗迹、市集相连。

01/ 彩色电梯院子·橙院子

02/“一线天”里加入了电梯和连廊

03/ 彩色电梯院子·绿院子

04/ 彩色电梯院子·红院子

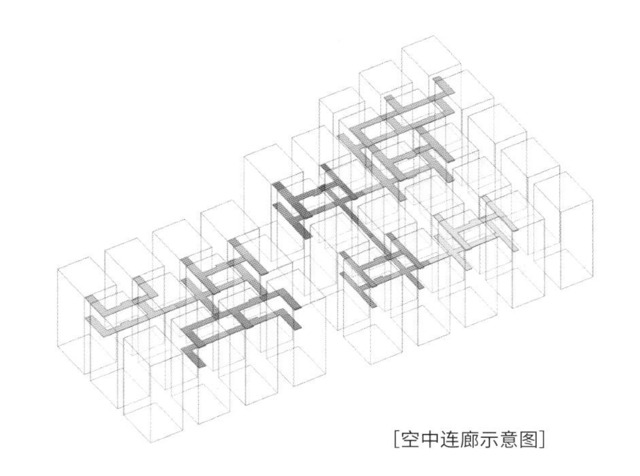

[空中连廊示意图]

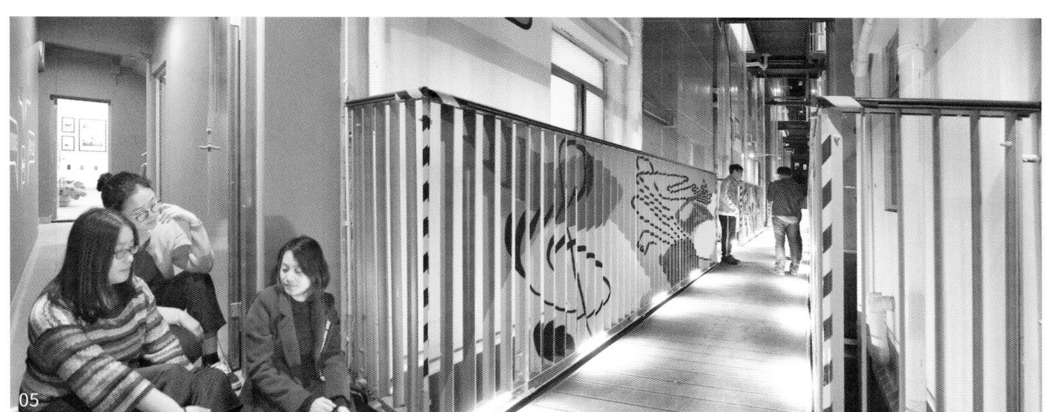

05

06

07

08

空中连廊

空中连廊和室内连廊相互串联，一个三维的交通流线系统连接了所有楼栋、屋顶花园、电梯院子和青年之家，形成四通八达的网络空间，同时也成为居民休憩、交流的公共空间，并营造出立体的生活街区。

相对于常规新建的保障房，本项目是一个独特的存在，社区里 35 栋楼的业权是分散的，其中部分楼栋不参与改造，甚至还有零星的原居民家庭夹在人才公寓中。为避免流线系统变得盘根错节，设计团队采用 7 种色彩代表了 7 部电梯、电梯院子及关联的楼栋和楼梯间，这些色彩也成为最简单明了的视觉引导系统，方便住户在迷宫般的街巷中认清方向。

05/06/07/ 楼间连廊室外公共空间

08/ 楼间连廊室内部分

01

02

03

[屋顶花园示意图]

屋顶花园

社区另一个标志性的公共空间是项目的第五立面，即屋顶花园。29 个屋顶根据各自所在的色系形成色彩缤纷的屋顶空间，这些屋顶上有洗衣房、菜园和休憩花园。

01/ 开阔的屋顶公共空间

02/ 屋顶城市农场

03/ 洗衣房

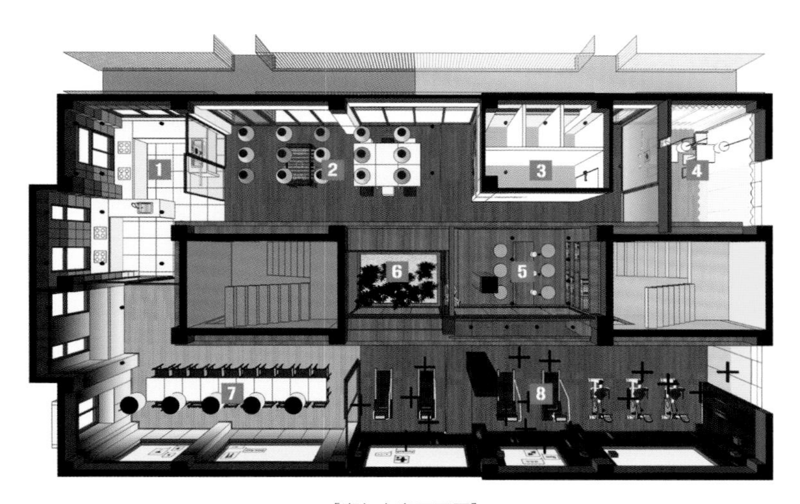

[青年之家平面图]

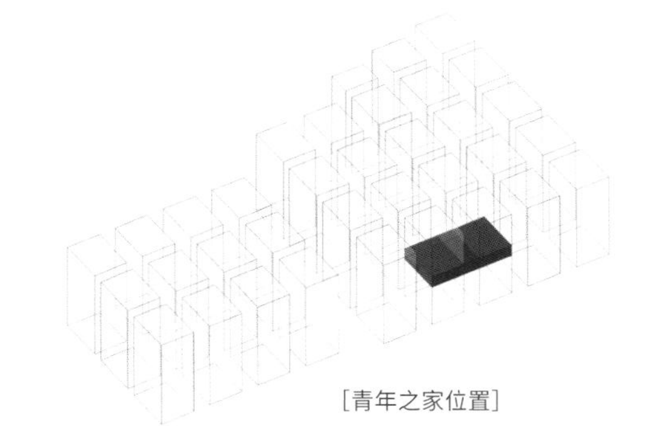

[青年之家位置]

1 厨房　3 阅读室　5 茶室　7 餐厅
2 多功能厅　4 卫生间　6 中庭　8 健身房

青年之家

位于 5 层的青年之家是社区重要的公共空间之一。该空间通过钢结构连接两栋握手楼，以环状串联的形式布置了 8 种不同的功能区，包括阅读室、茶室、多功能厅、社区厨房、共享餐厅、卫生间、健身房及天井庭院。

04/ 青年之家·共享餐厅
05/07/ 青年之家·多功能厅
06/ 青年之家·社区厨房

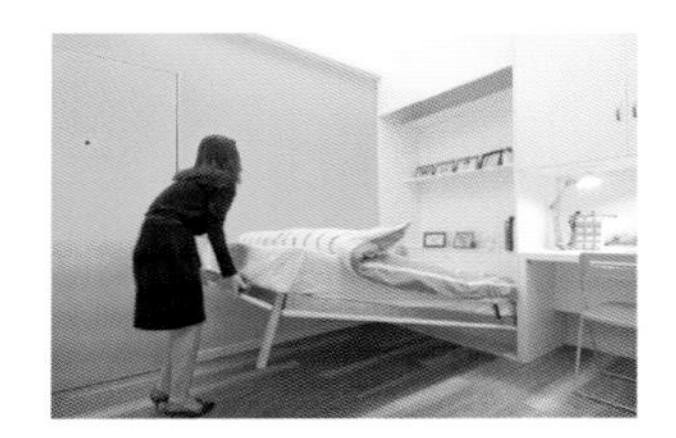
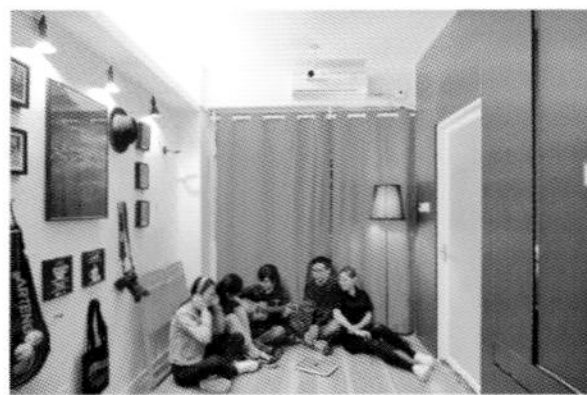

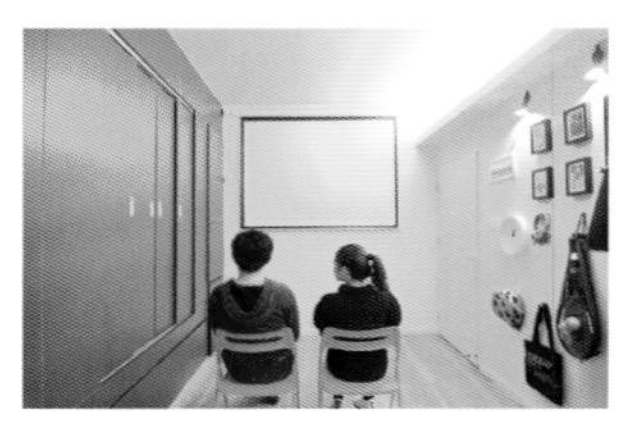

[公寓室内设计]

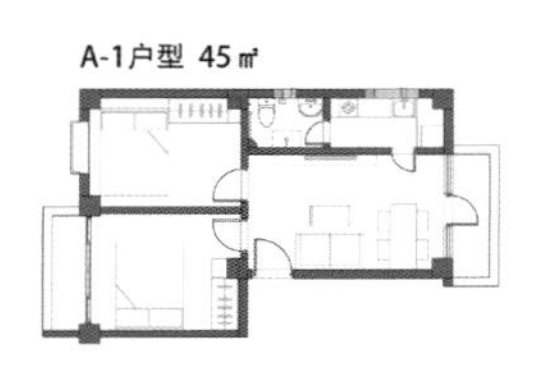

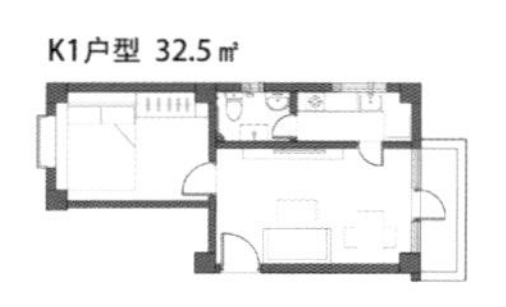

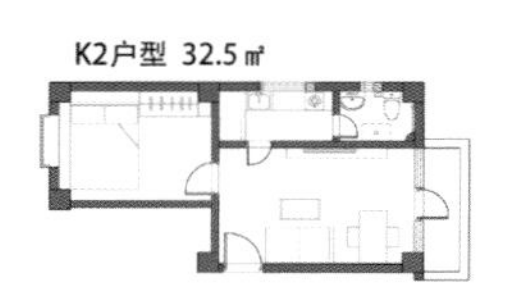

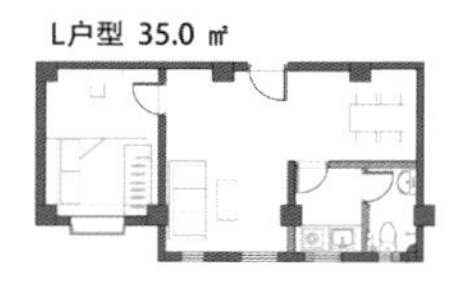

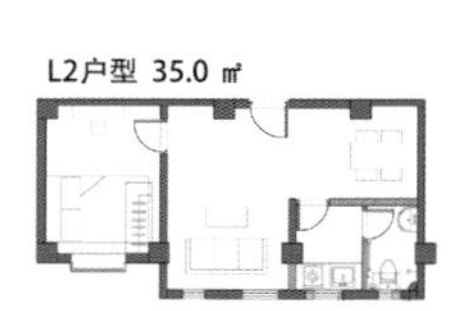

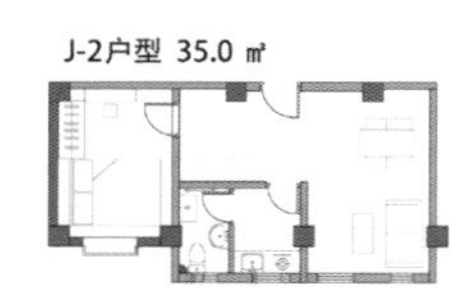

E户型 27.0㎡

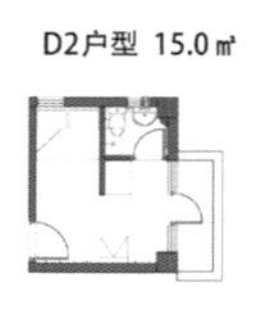

[公寓户型图]

户型改造

握手楼虽外观类同，但却是由不同业主建设的，因此每栋楼甚至每层的户型都不同，通过设计简化及调整，竟可归纳出 18 种不同户型，面积 15~55 ㎡不等，分为多种风格和布局，以契合不同住户的需求。

结语

深圳的城中村均有 600 年以上的历史，所以深圳并不是一个没有历史的城市。深圳的根在城中村，城中村也承载着时代的集体记忆。设计团队希望通过改造措施保留城市的肌理、文脉和集体记忆，为老村注入新的生命力、新的价值；并探讨通过旧建筑和新文化的结合，创造一个平台，引发新旧社区居民的交流交融，活化老社区。

同时，设计团队也希望通过本项目，思考城中村的下一个时代使命，给城中村“握手楼”一次再生的机会，“不推倒重来”的改造也是一种值得考虑的、严肃又有趣的选择。

01/ 鸟瞰图

02/ 巷道商业区

03/04/ 巷道中休闲的人们

深圳白石洲有巢公寓

项目名称：深圳白石洲有巢公寓
项目地址： 广东省深圳市
建筑面积： 5 733 ㎡
设计公司：深圳市华域普风设计有限公司
摄　　影：白羽

被繁华包围的白石洲村

随着被称为深圳旧改“超级航母”的白石洲北区城市更新项目的启动，其带来的巨量拆迁以及在地的社区高档化，为城市化进程中如何对待社会人口分流、城市空心化、职住一体模式、低成本城市居住空间等问题引发更多的思考。

白石洲南区白石洲村位于深圳市南山区深南大道南侧，毗邻知名文旅胜地华侨城世界之窗。作为深圳最大的城中村之一，市井气息浓厚的白石洲村被现代化的都市包裹。村内建设发展滞后，旧街巷狭窄嘈杂，握手楼簇拥生长，陈旧的基础设施、落后的居住条件以及存在的安全隐患、卫生问题亟待整治。

01/ 改造后整体而朴素的立面

[改造前状态]

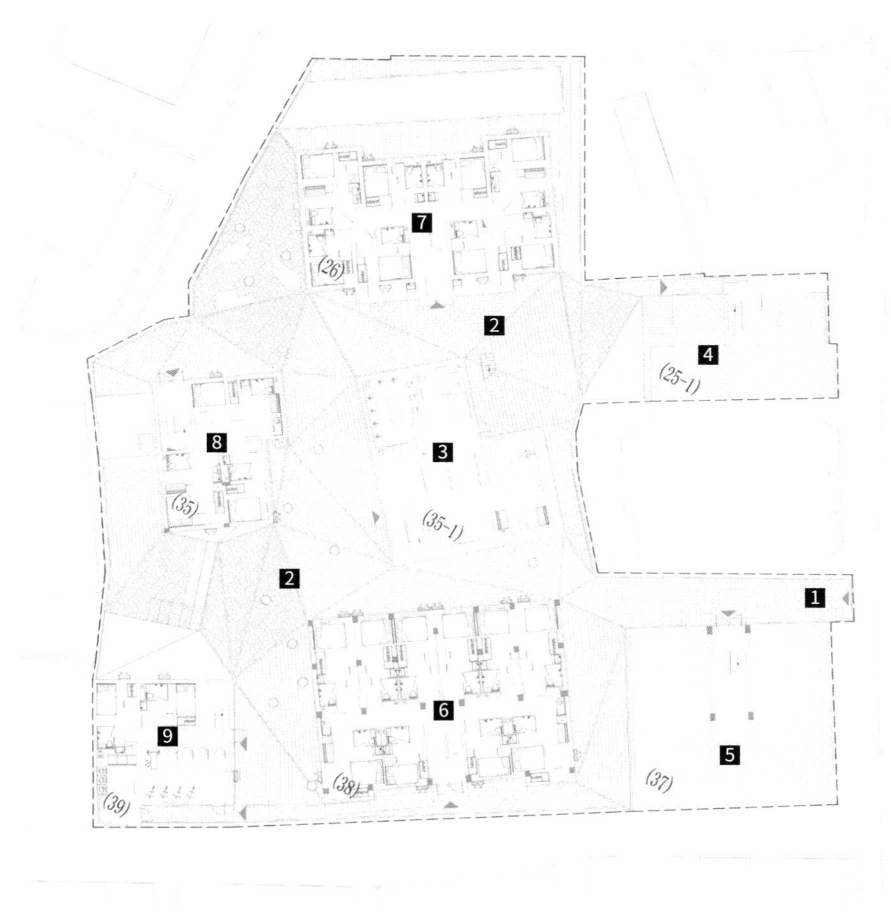

1 社区入口
2 公寓院子
3 青年之家
4 25-1号公寓楼
5 37号公寓楼
6 38号公寓楼
7 26号公寓楼
8 35号公寓楼
9 39号公寓楼

[七栋院子公寓的底层平面图]

设计团队提出通过街道再生、社区活化和文化寻根 3 种治理理念，以保留 + 活化的方式实现从城中村到人才小镇的整治愿景，并进行了相关设计实践。项目在保留原有建筑、院墙、树木的前提下，通过建筑物理空间的改建及配套设施的完善提升，以较小的更新代价、较低的改造成本为年轻人群提供了更安全、更宜居的住所。华润白石洲有巢公寓以有机更新的方式回应了开篇提出的城市问题。

[九栋村屋与周边环境轴测图]

01/02/03/ 更新后的“有巢”与周边老旧民房

04/ 与院子互动的阳台

05/ 从院落看公寓

06/ 果树与院子

07/ 青年之家建筑

04 05 06 07

城中村里的“白月光”

在需要更新的 9 栋建筑中，有 7 栋相对集中地位于老村落的广府街巷结构之中，围合成一个相对独立的小院。原来的主人在此种植的龙眼、黄皮等果树已生长十几年。

文化共生的理念贯穿于改造的全过程，原有的植物、围墙及地形在雨污系统整治和景观重构中得到了充分重视，并被完好地保留下来。院内绿树成荫，尺度宜人。除了门窗和局部入口，建筑外部结构均没有被拆改。砖红色地面将颜色统一后的建筑群落衬托得更纯粹，形成一种契合白石洲自身文脉的新社区。

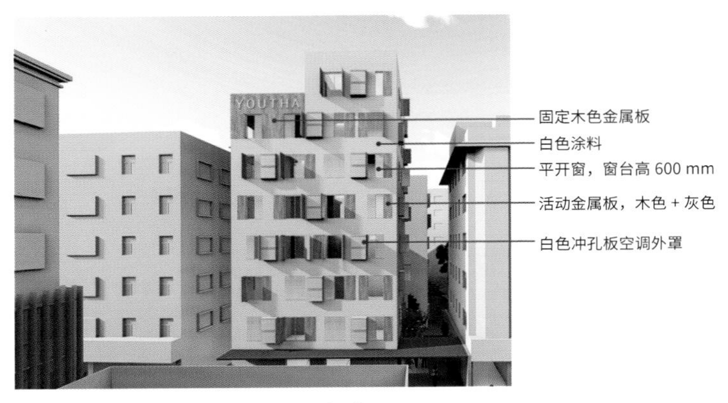

[一级立面材质示意图]

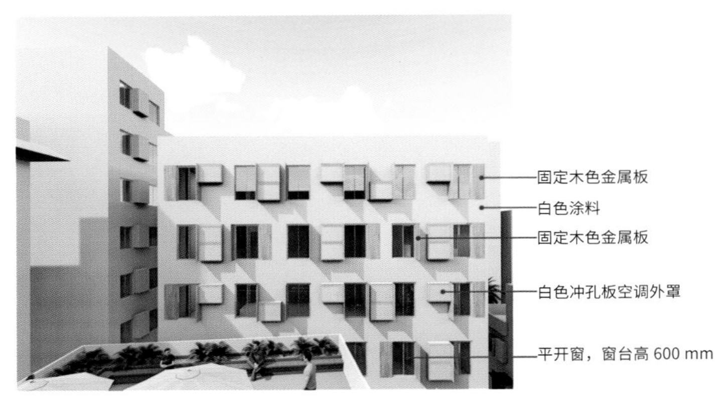

[二级立面材质示意图]

[三级立面材质示意图]

本项目的改造思路及手法对应“白—石—洲”的文字表意：色彩 + 材质 + 系统。立面取白石洲的“白”为基色统一外墙，局部配以温暖的木色和沉着的灰色，用易于控制成本的涂料作立面表层主材，同时结合空调室外机挂置等功能需求，局部点缀简洁的金属立面元素。院子地面铺装质感独特的赭红色透水砖，并用浅色线条划分成尺度不一的三角形，隐喻“巢”之轮廓与肌理。部分院墙改用空心砖搭建，以营造相对通透的公共场所。9 栋小楼通过色彩与材质的系统性整合后，与周边杂乱的建筑肌理形成了鲜明的对比，宛如村子里的一道“白月光”。

01/02/ 改造后的沿街立面

03/05/ 青年之家的会客空间

04/ 露台

06/ 青年之家的入口

07/ 青年之家的建筑外观

[青年之家一层平面图]　[青年之家二层平面图]　[青年之家三层平面图]

设计以打造活力社区为出发点，关注青年租客们的日常需求，将位于院子中央的 35# 楼改造为面向所有租客开放的青年之家，为年轻人提供生活服务。方案用室外楼梯组织竖向交通，将各层建筑及屋顶平台设计成含有接待、会客、阅读、健身、影音、餐厨等功能的公共场所，既为年轻人提供了便利的生活配套设施，也为他们创造了多样化的交往空间。重新修缮的果树院子和邻里客厅作为可容纳多种活动的“容器式”公共活动区，既相对独立，又充分共享，等待着居民们在此发生更多故事。

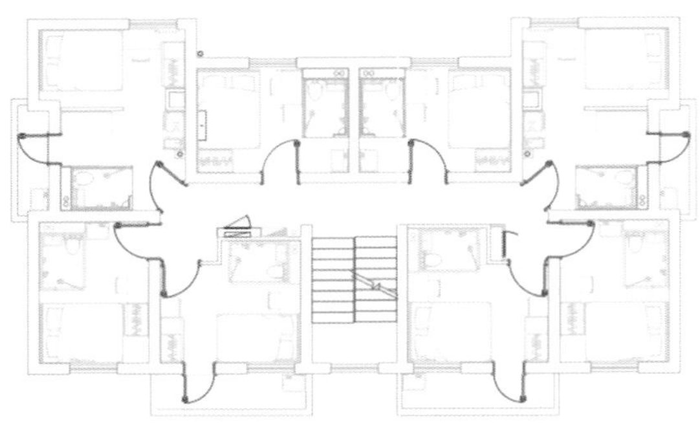

[39#、 26# 、37# 楼标准层平面图]

非常规的设计与建造

在乡村城市化过程中，由村民快速抢建的 9 栋楼宇经年日久，图纸缺失。为解决现存隐患，经专业的测绘、检测和评估，项目首先需对原始梁柱、楼板、墙体等进行结构加固，并完善消防系统。同时，项目还进行了用电扩容和雨污系统整治等设计，以满足安全性与实用方面的各项要求。

建筑师结合运营方华润有巢的要求，将除邻里客厅以外的 8 栋村屋改建为青年公寓，总建筑面积约 5 443 m²。这 8 栋建于 20 世纪末的农村民宅，基底边长为 8.8 m 至 16.1 m 不等，其建成年代、结构形式和平面布局也有很大的差异，每一栋楼的设计与改建都需根据不同的基础条件展开。

如何将当年建成的住宅单元改造成有居住品质的紧凑型青年公寓，设计师与运营团队进行了深入的思考和研究。最终本设计从年轻都市租客的居住习惯及人体工学的尺度要求出发，平面划分和各公寓单元设计以合理利用空间并采用紧凑有序的功能模块为原则。除了将工厂预制的精致紧凑的成品卫浴应用其中，起居空间及全屋家具、电器也采用了统一的成熟模块。精细化的设计结合高比例的工业化建造构件，为租户带来了有品质、有效率的生活空间。

存量空间的有机活化

老建筑承载着城市发展的回忆与情感，本次改造以有机更新的方式将亟待旧改的村屋民宅保存下来，也留存了祖祖辈辈白石洲村民的生活印记和记忆根基。项目以较小的建设成本和较短周期，在不涉及使用权主体改变的情况下，保留原有建筑，改变部分建筑的使用功能，整治、提升配套缺乏、充满安全隐患的低品质居住空间，以适应新城市人群的需求。随着华润白石洲有巢公寓竣工开业，白石洲村 9 栋散落的农民房以有机活化的方式更新为面向年轻人的、空间舒适、设施完善并延续老村文脉的活力社区。这种转变作为旧城更新的案例，为城市发展提供了一种不同于现代化重建的实践补充和思考。

01/02/ 改造更新后的公寓内部

03/ 公寓与周边环境的关系

04/05/ 改造前、后的小院入口

06/07/ 改造前、后的 36# 楼

08/09/ 改造前、后的青年之家室外楼梯

村城·五羊泊寓

项目名称：村城·五羊泊寓
项目地址：广东省广州市
建筑面积：6 000 ㎡
设计公司：TEAM_BLDG 间筑设计
摄　　影：雷坛坛

道格·桑德斯曾在 Arrival City: The Final Migration and Our Next World《落脚城市：最后的人类大迁徙与我们的未来》一书中指出：落脚城市（也就是城中村）的发展是城市化进程中的关键一环，它可能是下一波经济与文化的诞生地，也可能是下一波暴力冲突的发生地，需要我们妥善处理。

广州是目前唯一仍有大量城中村存在于市中心的一线城市，截至 2016 年，据不完全统计，广州大大小小的城中村有 304 个，村域面积共 716 km^2，居住人口近 600 万。

正如此次改建项目所在的区域，因其优越的地理位置，每年都有大量外来人口涌入，但他们栖身的居民楼大多残破老旧，居住环境亟待改善。而严重匮乏的资金和错综复杂的周边环境，则是修缮这些老公寓最大的障碍。此次改造不仅仅希望解决单个问题，更希望能够探寻一种可复制的模板，给城中村更新多提供一种可能性。

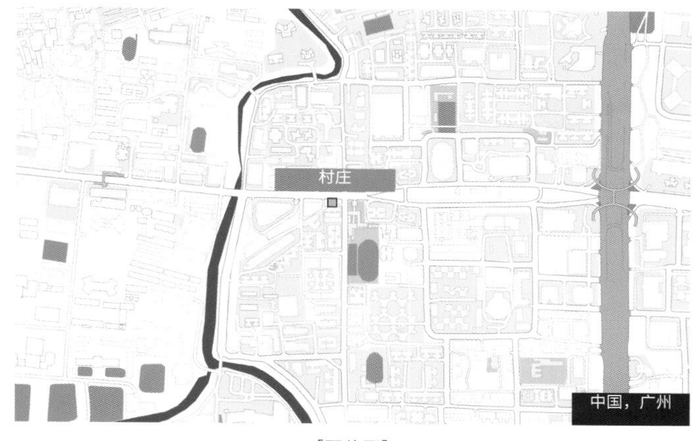

[区位图]

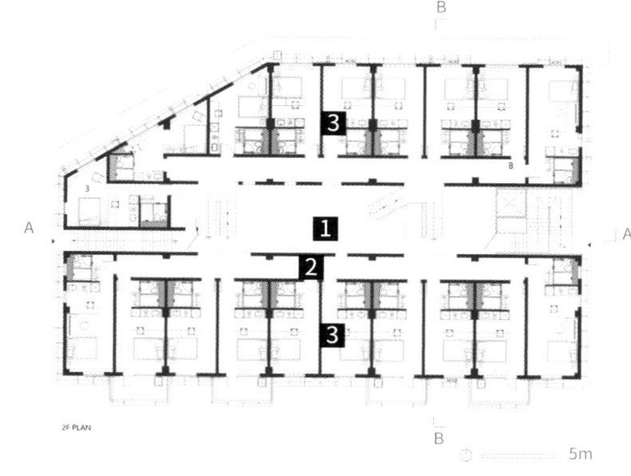

1 大厅
2 走廊
3 公寓客房

[二层平面图]

[改造前状态]

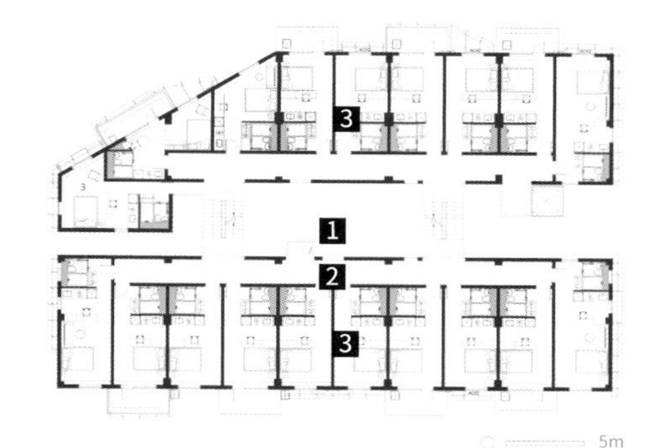

1 中庭
2 走廊
3 公寓客房

[标准层平面图 3F~9F]

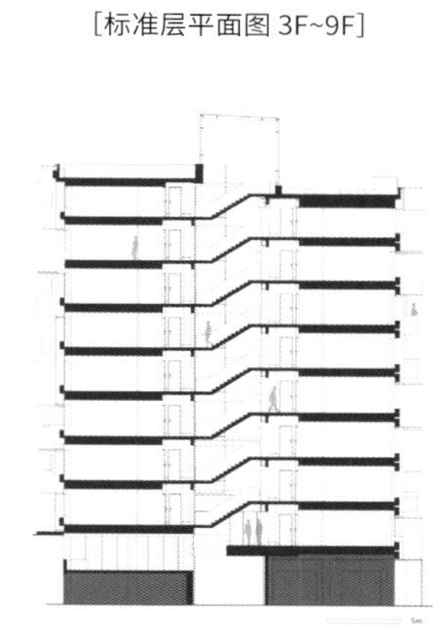

[B-B 剖面图]

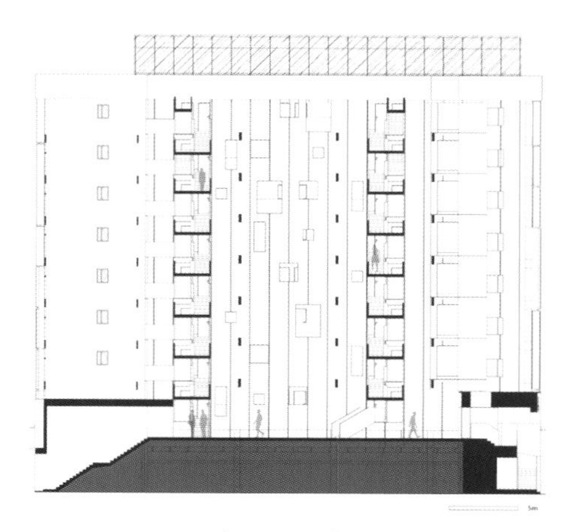

[A-A 剖面图]

喧闹城中村

作为广州市区面积最小、人口密度最高的中心城区，越秀区目前还存在着许多与高速城市化略显脱节的遗留地。而本次改造的项目便是位于越秀区寺右二马路上一处知名的城中村。

该城中村内的居民楼基本都是建于 20 世纪的火柴盒式通廊住宅，为了满足实际使用的需要，建筑立面及内部存在不少加建和搭建的情况。绝佳的市中心位置，吸引大量的年轻上班族聚居于此，他们享受此地便利交通的同时，也想要追求舒适性和设计感，迫切地想要改善居住环境。

［改造前的立面效果］ ［改造后的立面效果］

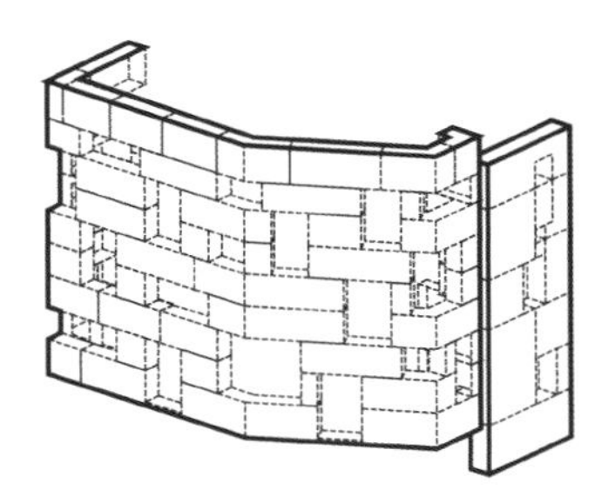

本次改造的居民楼周边颇为繁杂特殊，前面是一条车水马龙的城市干道，后面则是城中村内唯一的市场——寺右肉菜市场，居民生活所需的饮食、杂货、五金等商铺林立于此，与其相邻的还有另外两栋内部构造极为相似的居民楼。热闹喧嚣的城中村的特有肌理是设计师刚到达基地时获得的第一印象。

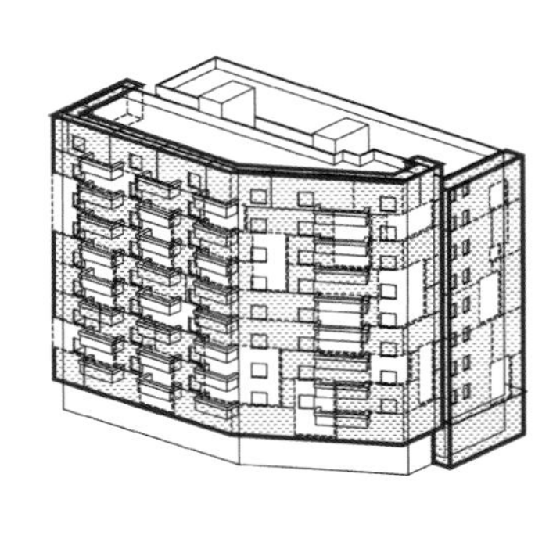

业主希望设计师通过对外立面的改造，使建筑摆脱原本陈旧脏乱的城中村形象，树立长租公寓品牌的标杆形象，同时希望对内部空间进行提升，使公寓既能满足居住舒适性，又能充分利用公共空间开展活动，从而增进邻里互动。

［立面生成示意图］

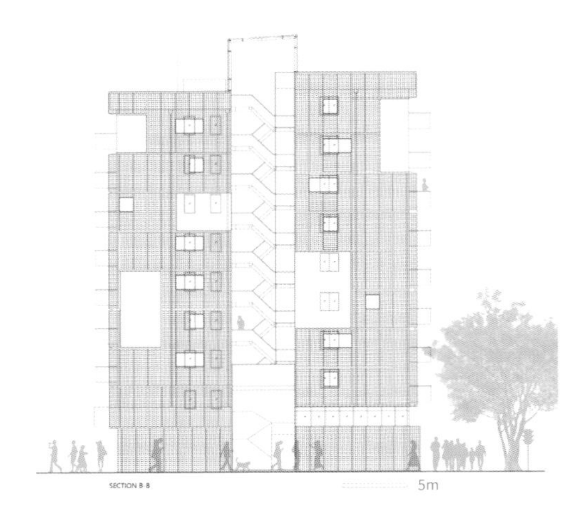

［东立面图］

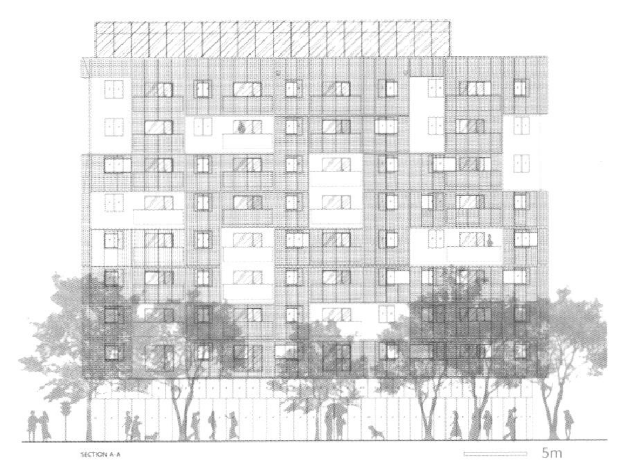

［北立面图］

“减重”立面新语

该建筑作为连接城市与城中村的门脸，改造后的立面如何既能增加与城市相衔接的融合度、又能维持与所处社区的黏合性是本次立面改造的重点诉求之一。

01/ 新建筑与老建筑

02/ 日景鸟瞰图

03/ 新建筑和老旧的充满生活气息的街道

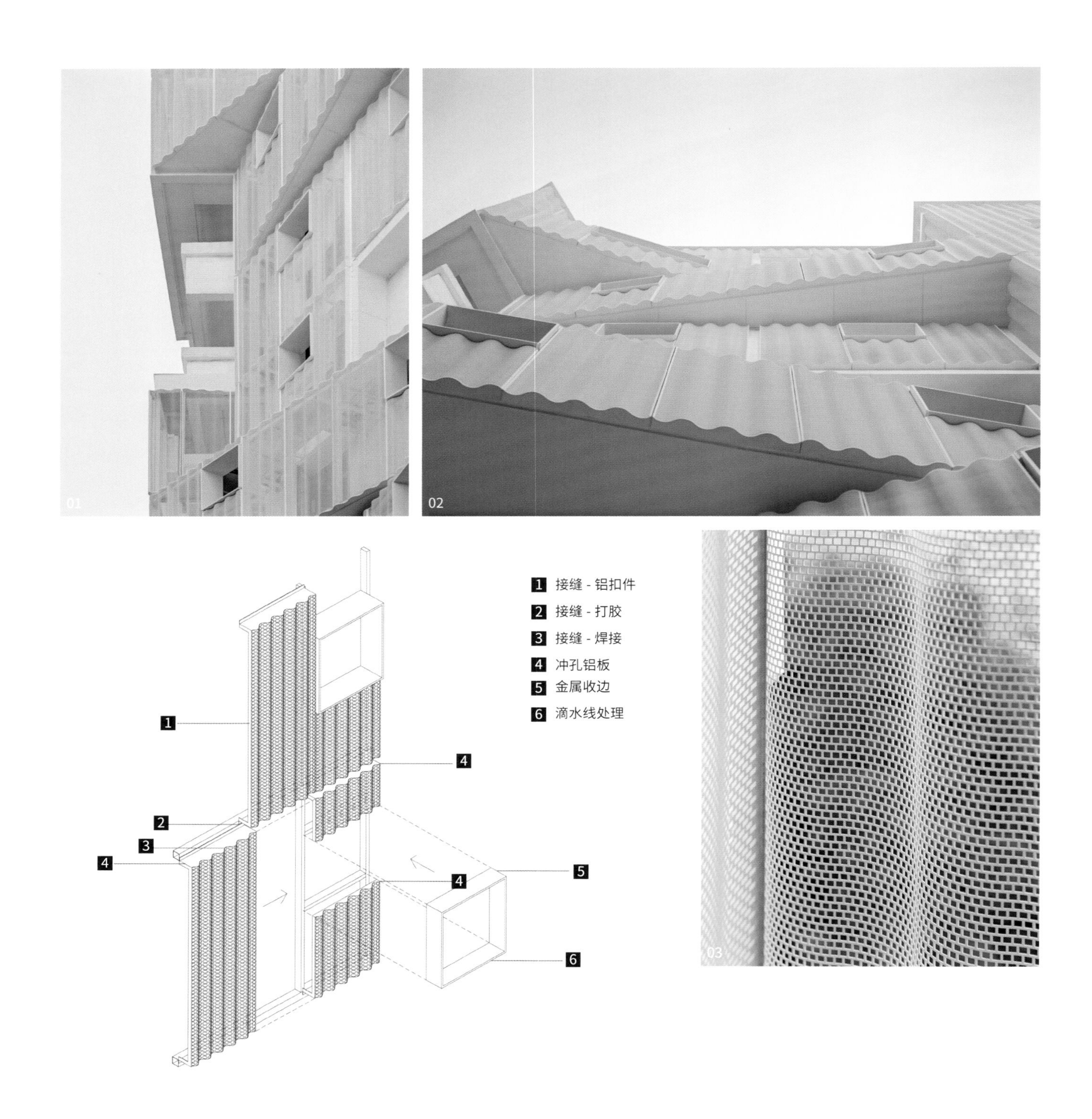

设计师对立面上铝板冲孔的方式和比例关系进行了研究，经过反复打样确认后，选择用波浪形的冲孔铝板包裹中庭两端并延伸至外部的立面。冲孔的样式力求与原建筑立面的拼接马赛克相呼应，通过半透样式的覆盖层和灯光设置为整座建筑“减重”，以轻盈的“节奏”和跳跃性的体块分割迎接房间外的车水马龙。

而其背面与城中村内原有建筑的“对话”也突出了新与旧语言的对比，与周边大小建筑共生的状态强调了城市立面肌理层次的“拼贴”感。

通廊“切割”公共与私密

对于建筑的内部，设计师充分利用场地设计了错层通廊。通廊东西两头由两部楼梯相连，满足了村内小户型聚居的功能需求；但南北住户围合成的内院存在大量搭建情况，空调外机、电线、烟囱错落，使原本楼内唯一较开敞的公共空间异常脏乱，院内甚至还存在较严重的鼠患。因此设计师将建筑内部改建的重心放在了院内的公共空间部分，同时重新合理地划分房型也是需要着重下功夫的地方。

01/02/ 从步行道看外立面的节奏感
03/ 轻盈的外立面材料
04/ 主要的公共空间——中庭
05/ 原始建筑内部
06/ 改造后的建筑空间
07/ 原建筑阳台
08/ 改造后的建筑阳台

本次设计首先从中庭入手，清理掉院内的原有搭建物，并整理空调和各类管线，以保证庭院的开敞度和舒适性；因地制宜，充分利用原建筑围合成的公共空间，通过对内立面的趣味性营造，保证新住户在中庭及错层通廊的驻留度。

设计保留了建筑中的原有结构，并且保留了原建筑中连接各层不同户型房间的错层通廊和围合的立体楼梯。它们会聚在中心庭院，突出空间层次感。沿街裙房与住户之间的夹层设有健身房、视听室等公共活动空间，顶层露台设置观景、晾晒等区域，同时在入口处增设了可以方便到达各楼层的观光电梯。

08

09

10

11

难点与不足

因为原建筑年久失修和管线混乱，建筑内部上下水埋管和新的消防管线设置成了改造的最大难题，而城中村的管线设置如何与现有市政管道连接经过多方努力协商才合理解决。

在材料方面，为了满足低成本和高效率的设计要求，设计师尽可能选择成品装配式洗手间和可预制的建筑材料，例如水磨石地砖、干挂金属板材等。不过遗憾的是因时间和预算的限制，外立面入口处及公共空间的材质和细节处理有些仓促，近人尺度处的材质应该更加平易近人，扶手的细节应处理得更好以满足实际功能需求。

01/ 仰视中庭
02/ 富有韵律的内立面窗洞
03/ 空间细部
04/ 俯视中庭
05/ 中庭细部
06/07/ 公寓客房
08/ 华灯初上，树影中的公寓楼
09/ 立面的夜景效果
10/ 新旧建筑的立面对比
11/ 不同年代的建筑在风格上形成对话

深圳南头古城有熊酒店

项目名称：深圳南头古城有熊酒店
项目地址：广东省深圳市
建筑面积：1 370 ㎡
设计公司：如恩设计研究室（以下简称“如恩”）
摄　　影：陈颢

城中村被包围在现代化的都市中，是城市化进程的遗留物。拥有近 1 700 年历史的南头古城位于深圳的城市中心，从昔日的富庶古都演变为如今拥挤喧闹的城中村。古城内的蜿蜒小巷、广场和胡同错综复杂、紧密相连，吸引着无数游客驻足停留。当地居民和流动人口亦在此栖居。本设计是将位于南头古城的一栋居民住宅改造为有 11 间客房的精品酒店。

01/ 基地鸟瞰图

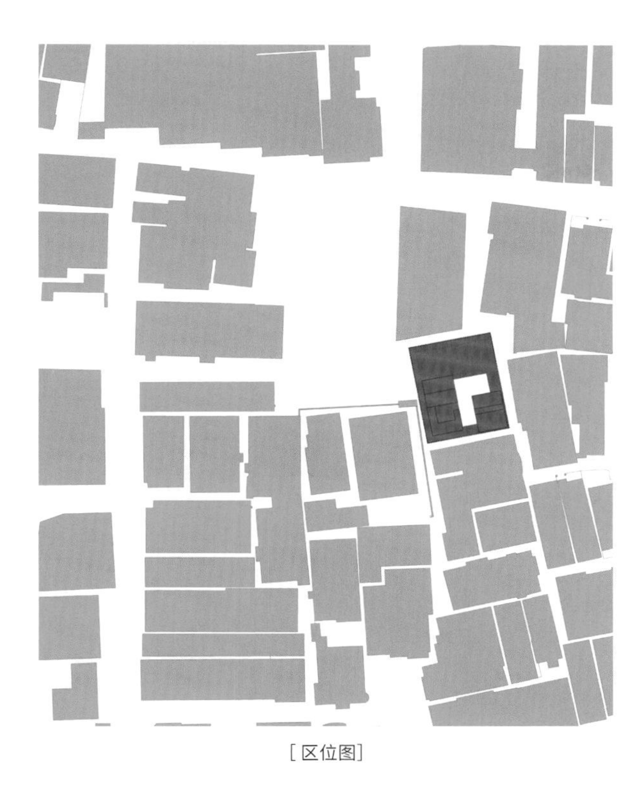

［区位图］

[改造前状态]

南头古城的街头巷尾充满着勃勃生机。如恩试图将日常生活的景象纳入设计，人、物件和其所处的环境，都是灵感的来源。为了延续城中村的市井烟火，如恩对原建筑进行切割，将外部景象引入的同时，也在内部创造出全新的公共空间。在这一过程中，设计师如临考古现场一般，将诸多材料和建筑结构层层剥离，建立起过去与当下的对话。

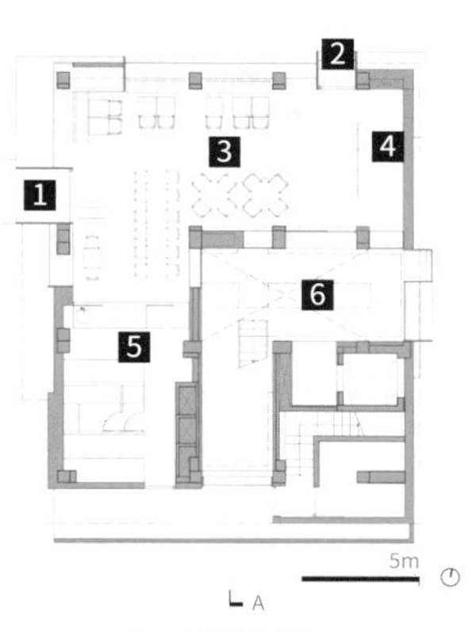

［一层平面图］

1 餐厅入口
2 酒店入口
3 餐厅
4 前台接待区
5 厨房
6 花园

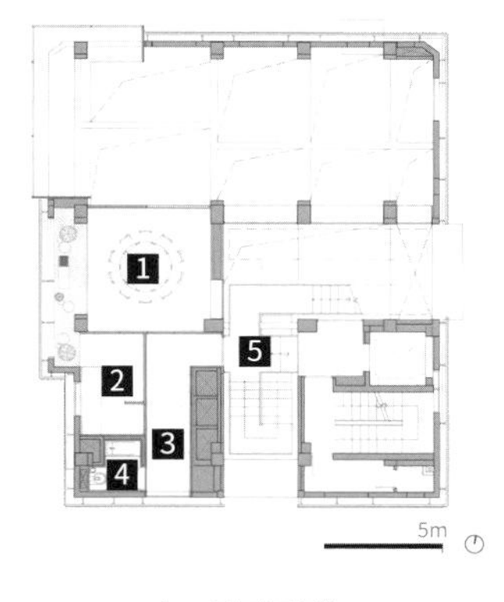

［二层平面图］

1 包厢
2 厨房
3 过道
4 卫生间
5 安全出口

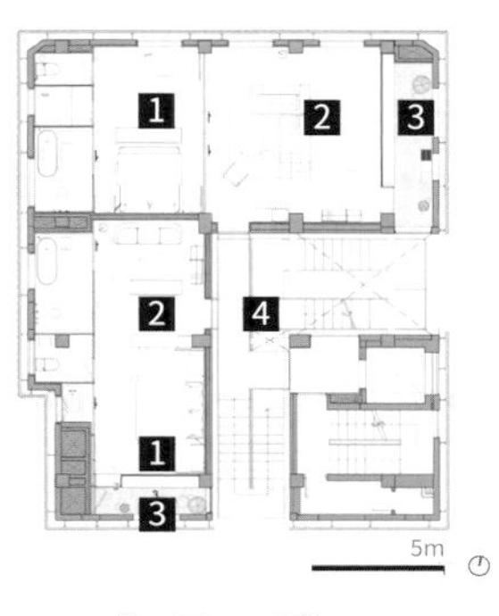

［三层平面图］

1 卧室
2 起居室
3 阳台
4 安全通道

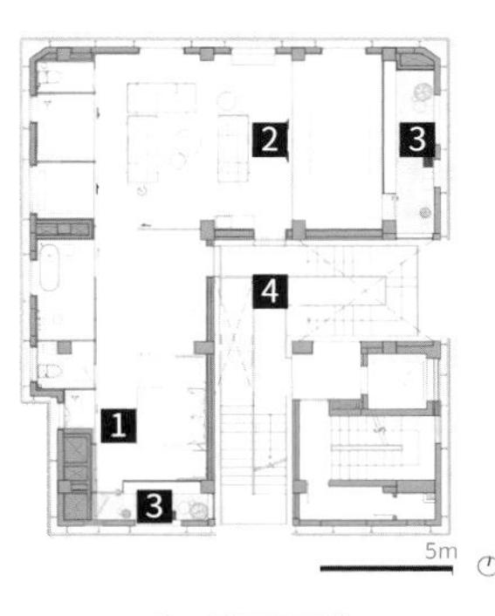

［四层平面图］

1 卧室
2 起居室
3 阳台
4 安全通道

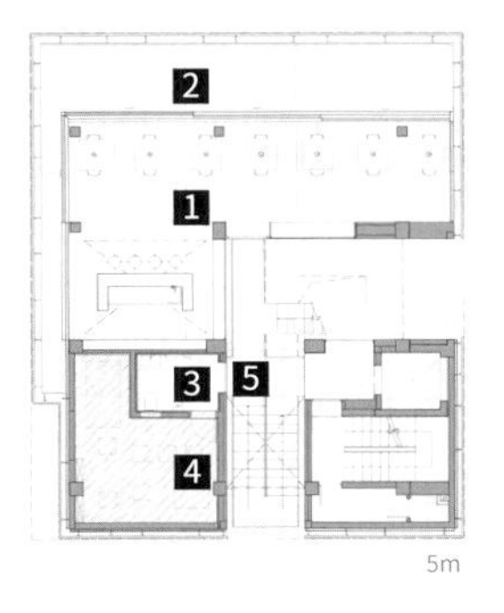

［五层平面图］

1 酒吧
2 露台
3 卫生间
4 机电设备
5 安全通道

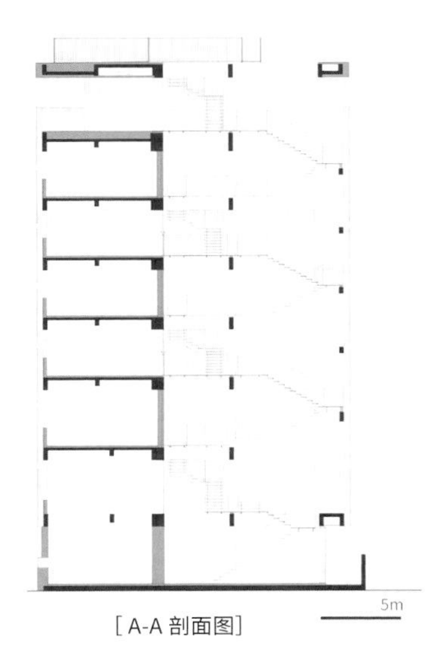

［A-A 剖面图］

01

02

03

斯维特兰娜·博伊姆（Svetlana Boym）的“反思性怀旧” 理念贯穿于项目的研究及设计过程。设计并非简单地模仿过去事物的表象，而是试图发掘隐匿于过去的各种可能，并赋予其更多充满活力的当代元素。该项目以两种不同的建筑语言应对城市复杂的肌理与碎片化的形态：建筑的立面由轻盈的屏罩包裹，而顶层则以厚重、富有表现力的形式为古城的天际留下一道别致的轮廓。

南头古城的风景日新月异。如同熙攘的巷道一般，古城中各栋楼房上的屋顶平台也别有一番风味。简易搭建的小花园与蔬果园点缀其中，描绘出高低不一的景观。

在顶层设计方面，如恩采用了平屋顶的形式，并加盖了金属结构。对于空间局促的城中村而言，这一向上伸展的空间将当地巷道生活的画幅延伸至屋顶，为公共空间带来了新的诠释。

如恩将建筑入口及公共区域有意地串联并入当地的街道小巷之中，融入南头古城独特的城市肌理之中。沿着小巷就可以到达酒店，去酒店如同回家一般。

01/ 酒店顶层夜景

02/03/ 屋顶露台

04/ 餐厅入口

05/ 酒店远景

06/ 入口立面

01

02

03

穿过巷道步入酒店后，访客立于公共空间，视线随着轴线不断上移。原本将各楼层连接起来的楼梯井被切割、拓宽，创造出全新的垂直庭院。切割开的建筑立面及上方的采光井将自然光及建筑外的街景引入建筑内部。全新的金属楼梯悬置于垂直庭院之中，访客可由此抵达各层客房及屋顶平台。新与旧在建筑内并存融合。

切割并非仅仅意味着破坏，它同时也是对空间与意义的创造。深圳南头古城有熊酒店的设计融入了城市特征，使私人化的生活历史变得清晰可辨，追随着城市不断向前的步伐，须臾不停。不断变化的“切口”仿佛开启了一个全新的入口，可以通往过去，亦可进入平凡的当下。

01/ 入口和前台区域
02/ 首层餐厅
03/ 金属楼梯
04/ 客房休息区
05/ 客房卧室区
06/ 客房书桌
07/ 餐厅入口
08/09/ 客房洗漱区

上海永嘉路城市“旮旯”空间改造

项目名称：上海永嘉路城市“旮旯”空间改造
项目地址：上海市
建筑面积：45 m²
设计公司：灰空间建筑事务所
摄　　影：陈颢、孙崧、景宏

项目缘起

项目源于灰空间建筑事务所与建筑师宋佳威共同发起的“城市旮旯计划”（以下简称“计划”）。该计划意图以建筑师的视角寻找因历史原因被遗忘在城市中的边角料空间，将新的、弹性插入的空间系统叠加在现状之上，激发其成为可视、可用、可停留、可共享的独特场景。

永嘉路青年共享空间是该计划落地的第一个项目，是将一座挤在两幢 3 层旧式花园洋房之间的约 30 m²的城市夹缝空间（原为快递工作站及宿舍）改造为供年轻人共享的公共活动及住宿场所。该计划希望将城市公共空间通过窄弄引入建筑内部，以抽象的符号使会客厅延续城市街道的特征。

01/ 弄堂里的入口

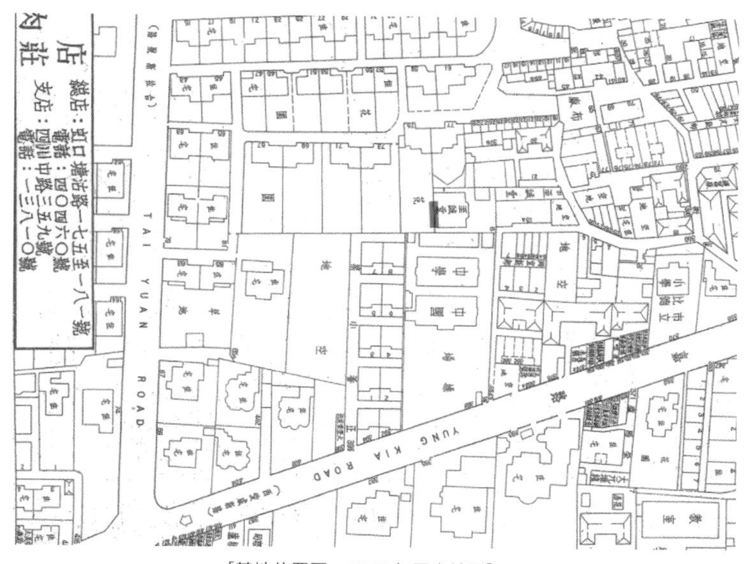

[基地位置图，1947 年历史地图]

[总平面图]

[基地鸟瞰图]

[改造前状态]

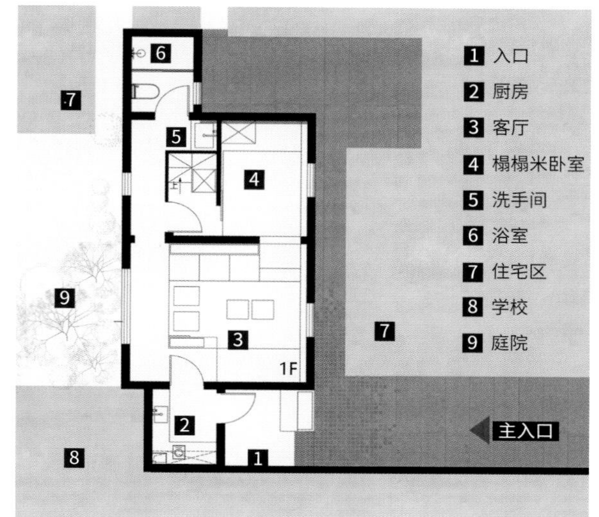

[一层平面图]

外部空间的模糊地带

经历百年的渐进式发展，本项目所在街区的公共空间与私人空间的边界逐渐模糊。在二者漫长的博弈过程中，街巷空间与建筑内部空间由彼此分离、并置，发展为目前的彼此交叉、覆盖，并还将继续相互入侵，形成更有弹性、允许不同功能共生的状态。

1947 年的资料《老上海百业指南——道路机构厂商住宅分布图》显示，本项目东侧的“至诚堂”以及南侧的“中国中学”已建成，项目所在地曾是西侧花园别墅的一部分，而东侧通向项目用地的小道自那时起即已基本成型。

项目所在片区的现状则是包含了 1949 年前建的花园洋房、1949 年后自建房以及老公房等多重历史遗存的混杂街区。

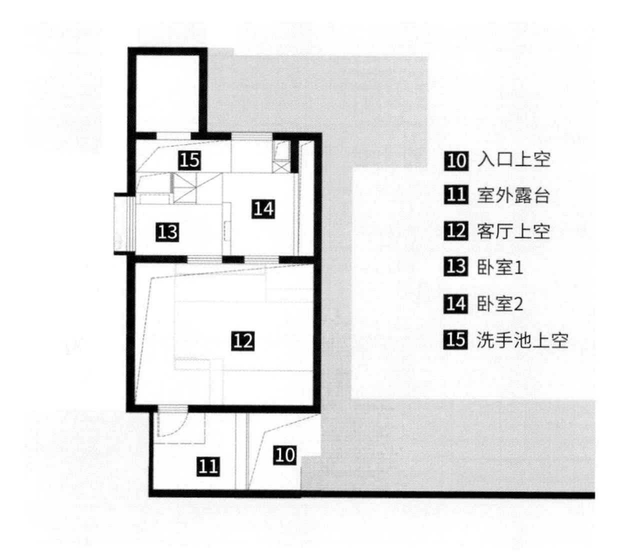

[二层平面图]

01

02

03

建筑的进入方式也很典型。从永嘉路一个不起眼的弄堂进入住宅区后，需沿着狭窄的墙缝间的空间行走大约 100 m，左转穿过一个大铁门后进入一条巷道，巷道只有约 2.5 m 宽，左边是有近 90 年历史的中国中学的后墙，上面满是爬山虎；右侧则是 3 层的原至诚堂，现在住了 12 户人家；正前方便是本项目的入口。

项目主入口正对的这条巷道因充满历史遗存的痕迹而显得有些凌乱，晾衣竿将天空分割成大大小小的方块，墙面和空中的雨水管、燃气管非常凌乱，植物也在所有界面上攀爬，这些都是公共空间和私人空间相互入侵的阶段性现状。

对于这条因叠加太多元素而显得没有太多特征的巷道，设计师选择采用“半开放”的建筑语言应对，将公共与私密空间在巷道的尽头相互融合。

一方面，从室外空间向主入口看去，帆布雨棚包裹住主入口前区及其上方的露台，使其形成一个柔软且较完整的界面作为巷道空间的对景；另一方面，帆布雨棚形成的灰空间为巷道尽头的入口提供了空间和视觉的缓冲，减少外部公共空间侵入私人空间带来的压迫感。

[上海历史街道意象拼贴]

[会客厅意象拼贴]

城市意象的拼贴

丰富的街巷尺度和历史与当代并置的图景是项目所在地衡复风貌区的重要标签。风貌区里绿荫掩映下的洋房花园、里弄街道既承载了上一代人的童年回忆，同时也是当代青年的时尚潮流所在地。

设计师从空间和肌理的角度将城市图景作为意象投射在这个室内设计项目中，将室内空间组合类比城市街区的总平面图，城市对应室内、弄堂对应公共区域、住宅对应房间，还考虑到用于辅助功能的更微小的空间。

01/ 入口门廊和室外露台

02/ 从入口门廊看向外侧

03/ 入口小径夜景

04/ 从会客厅看向入口门廊和露台

01/ 会客厅场景

室内的会客区被定义为主弄堂口的休憩场所，设计师选择了带有符号特征的窗扇、壁灯以及在吊顶下方纵横交织的线条灯，希望营造出如同室外空间般的悠闲感。错落的高差关系形成向心性的空间，而其边界则由开了 3 扇窗口的 3 间卧室定义。窗户板采用经加工后的老榆木，与墙面的微水泥材质搭配呈现出户外建筑的粗糙感。会客区和卧室的关系可以类比为里弄和住宅之间看与被看的关系。隔墙上的窗扇可以通过不同尺度的开启决定卧室里的人对于会客区活动的参与程度。

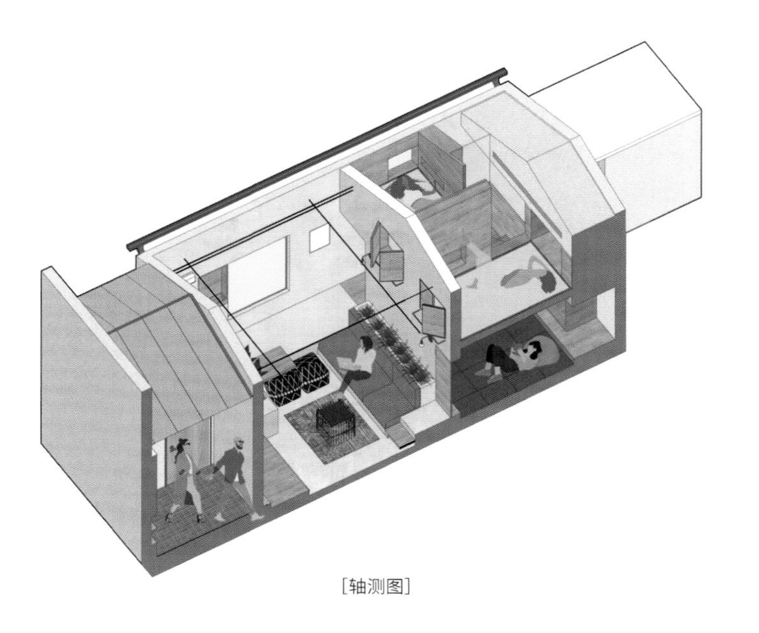

[轴测图]

小尺度的集约空间

依据必要的功能需求，空间被分解为开敞的公共空间和狭小的私密空间两个部分。这两部分之间的分隔线是原建筑砖混结构的承重墙。未来使用这幢建筑将是一组关系亲密的年轻人，因此在卧室区域与会客区域的边界处，设计师设置了可供年轻人互相交流的窗口。门窗洞口也通过进深关系的变化形成多重空间叠合的载体。

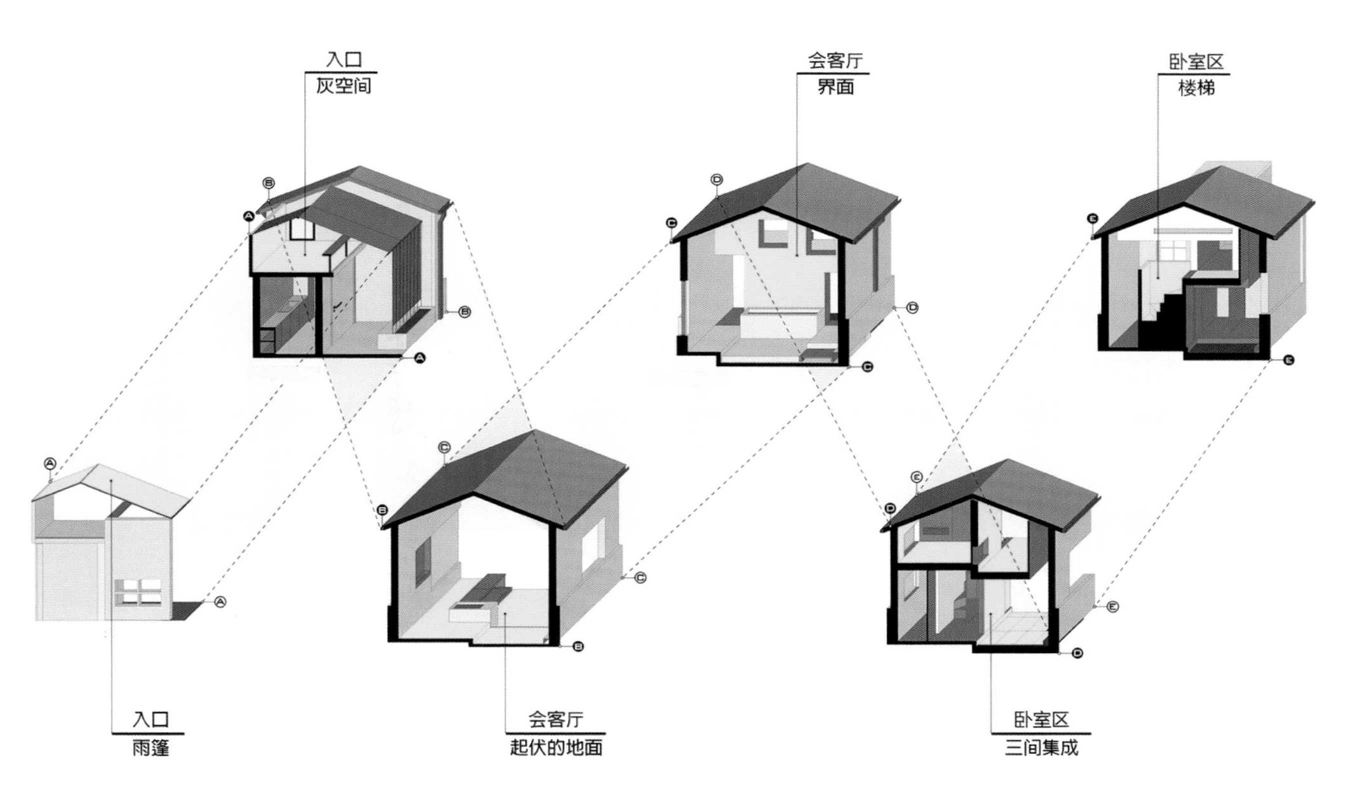

[空间剖、透视图]

01

02

03

04

每间卧室都有朝向会客区的一扇窗、朝向室外空间的一扇窗以及用于通行的门洞口，使用者可以自主决定和哪一部分的外部空间保持连通。卧室很小，设计师在大约 12 m²的范围内借层高布置了标高不同的 3 组卧室，并通过楼梯将其串联。

与会客区材料选择和意象拼贴的手法不同，卧室区采用木饰面满铺的做法，尽量减少材料对空间的干扰，将多重空间的关系作为重点着力刻画。

05

06

07

后记：城市旮旯计划

“城市旮旯计划”组织作为一个结构松散的建筑师组织，希望成员在建筑事务所里做设计的同时，也能作为城市的观察者而回到日常生活中，将周遭的城市空间化为丰富的资源，以建筑师的不同视角介入城市微更新改造项目中。本项目探讨了上海衡复风貌区中一个典型的老洋房、老公房、自建房混杂的居住区中旮旯空间的更新方式，设计师未来还会寻找新的契机对更广泛的城市空间进行探索。

01/ 二层卧室区窗景
02/ 通往卧室区的通道
03/ 卧室区楼梯
04/ 从一层卧室看向会客厅
05/ 从会客厅看向窗外
06/ 建筑西侧外观
07/ 会客厅场景

蓝白艺术学校

项目名称：蓝白艺术学校
项目地址：广东省深圳市
项目面积：9 000m²
设计公司：万社设计咨询(深圳)有限公司（以下简称“万社设计”）
摄　　影：张超建筑摄影工作室、李永茂

荒废的沿河建筑群体

在广州美术学院附属中等美术学校 AIP 国际艺术高中的邀请下，万社设计对其选定的荒废建筑群落进行设计及改造。项目对象是城中村内多栋沿河的当地居民自建楼，需将其打通形成一个围合式的高低错落的建筑群。因原本几个建筑体是不同时期因不同需求建造的，所以它们的高度及外立面造型各不相同，建筑内有许多显得混乱的楼梯、错层廊道等。

校方希望通过有限的预算及较快的建造速度来完成这个项目，同时赋予艺术高校应有的艺术气息。这次的改造和复兴计划将为学校及其所在的城中村带来全新的、平衡艺术教学与市井生活的校园空间。9 000 ㎡的空间需容纳教室、工作室、自由空间、艺术图书馆、教师及学生宿舍、操场、食堂、办公室等多个功能空间。

01

01/ 下沉汇报厅

[改造前状态]

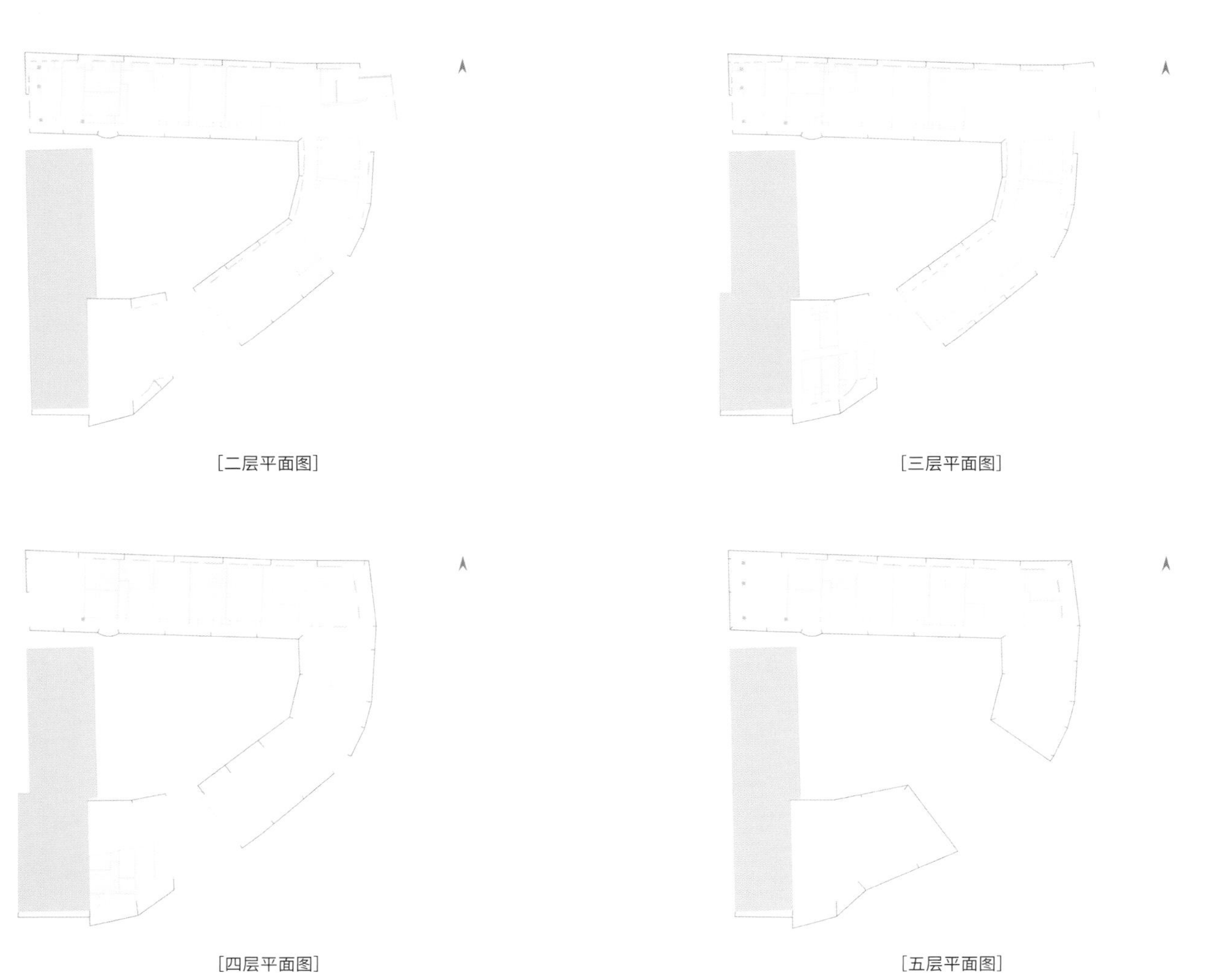

[二层平面图]

[三层平面图]

[四层平面图]

[五层平面图]

将限制转为设计方案

此项目的设计目标是以快速精准的方式解决多个实际问题，如要考虑超低成本的建造预算、使用指定的当地施工队，还要考虑外立面改造对村落的影响，并需赶在 2020 年 9 月开学季学校开放时完工。这是一个急迫且不可改变的完工时间。这都需要设计师在几周时间内给出设计方案。

万社设计团队希望在解决这些硬性问题的同时，结合设计赋能：以艺术工厂为概念，在本土村落形象的基础上融合艺术学校的自由感及创作力；将年轻的活力带入此片区域，并与选址周边的业态共生及互相激励，创造出尺度适合的区域标识，同时以新的外立面设计让艺术学校成为一个能在远处便被识别的城市象征；融合原生的自然景观，形成一处自带标识且温暖的学校空间。

01/ 项目整体外观

02/03/ 建筑局部

04/ 学校中庭

“因其位于河道的拐角处，而河道的对面是一个相对关键的车行道路，因此设计师增设了新的建筑立面语言：以全新纯粹的颜色及一种简单的透光材料包围整个建筑群落，使其成为富有活力的一体。从今以后，这个老旧的村屋以全新的面貌与它周边地块紧密相连，与周边区域及城市的肌理、文脉和生活融为一体。”万社设计团队介绍说。“新生”的艺术学校融合在这个非常本土的街区中，营造出一种易于亲近并充满艺术感的城市氛围，与兰州拉面、村落士多店这些“土著”店融洽地并存。

05/ 新的立面与原始立面的交会

06/ 立面细节

体量重构

为了满足新增的多个功能空间需求，设计团队重新规整了各个建筑体之间的交通枢纽，贯通各个楼层的空间动线；将建筑群围合出的中庭空间设计为运动场，将原有的地下车库修改为下沉报告厅，以满足艺术教学及师生日常活动的需求。

大面积的亮白色材料结构独立包裹在原建筑立面上，辅以墙上新增的蓝色，两种颜色快速简单地勾勒出属于艺术学校干净且明亮的“轮廓”。

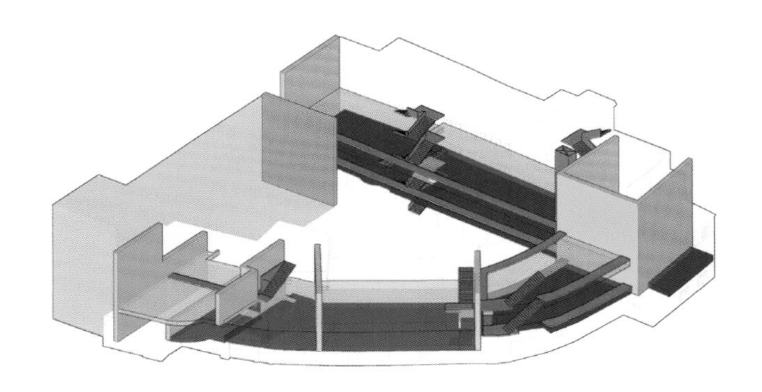

[原始动线不贯通]

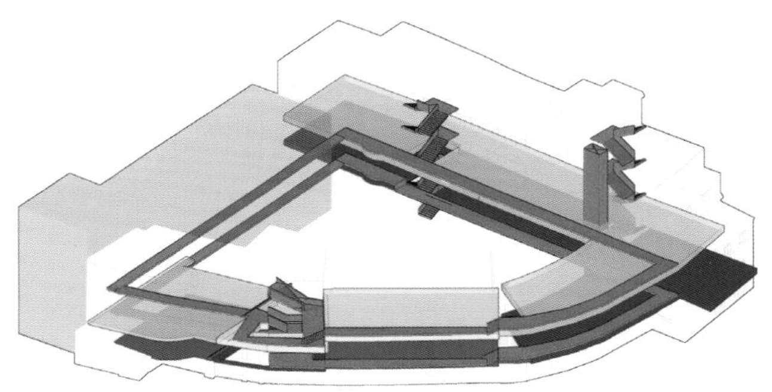

[贯穿横向及竖向的动线]

01/ 下沉会报厅

02/ 户外楼梯

03/04/05 新增的白色结构及蓝色的原始立面

06/ 中庭楼梯

07/2020 设计 IN 湾区

08/09/10/“海浪”装置拆卸现场

11/ 在学校里的“海浪”装置

可持续发展闭环

操场中的“镂空格墙”原是万社设计在 2019 年设计的一系列可拆卸的蓝色“海浪”装置。其设计初心是希望通过可拆卸、回收、再循环利用的方式搭建展厅，从而减少展厅搭建对资源及物资的浪费，而制作“海浪”的原材料也来源于回收的木材废料，最终以闭环的方式实现万社设计对可持续发展的坚持。

“海浪”以桌子为单体模块，通过对单体模块的重复拼接可迅速完成场地的搭建及拆卸。模块之间的拼接方式参考了传统榫卯结构及传统木家具拼合的方式。“我们一直希望向大众开放，展示设计更多的趣味性及想象力，让大众更容易感受设计及创意的魅力所在。如桌子这样生活中的一个基本物件，也可以变成墙、空间及建筑，而不是单一地局限于其本身固有的功能。”万社设计创始人如是说。

在多方对于可持续发展的认可下，此“海浪”在展厅使用结束后被拆卸并被重组，为学校日常举办活动提供多方面的支持，可激发创造力并能满足多种使用场景。此后，万社设计将此批装置的建造费用代表三方赠予贫困山区用于建造学校，为可持续发展及公益尽一份力，完成了真正意义上可持续发展的闭环。

［新增的阳光板立面示意图］

新的链接

为了解决几个独立且高度不同的建筑体的动线问题，万社设计用一条通亮的走廊贯穿连接不同的功能区域。高透光性及纯粹的外层包裹材料将多个立面整合为一体，明亮的光线及色块使建筑及室内都显得特别干净、纯粹、艺术化。

有意保留的局部建筑开口满足了老师、学生们休憩及远看的需求，在局部空间师生还可饱览邻近山头上的自然景观。在整个项目中，阳光板作为绝对的主角材料将原有不规整且杂乱的外立面进行整体包裹。阳光板作为质轻、耐燃且节能的环保材料，在工厂预制后被运到在现场安装，这样不仅可以控制成本且能提高施工速度，简单的安装方式也可让本土施工队高效地完成工作。

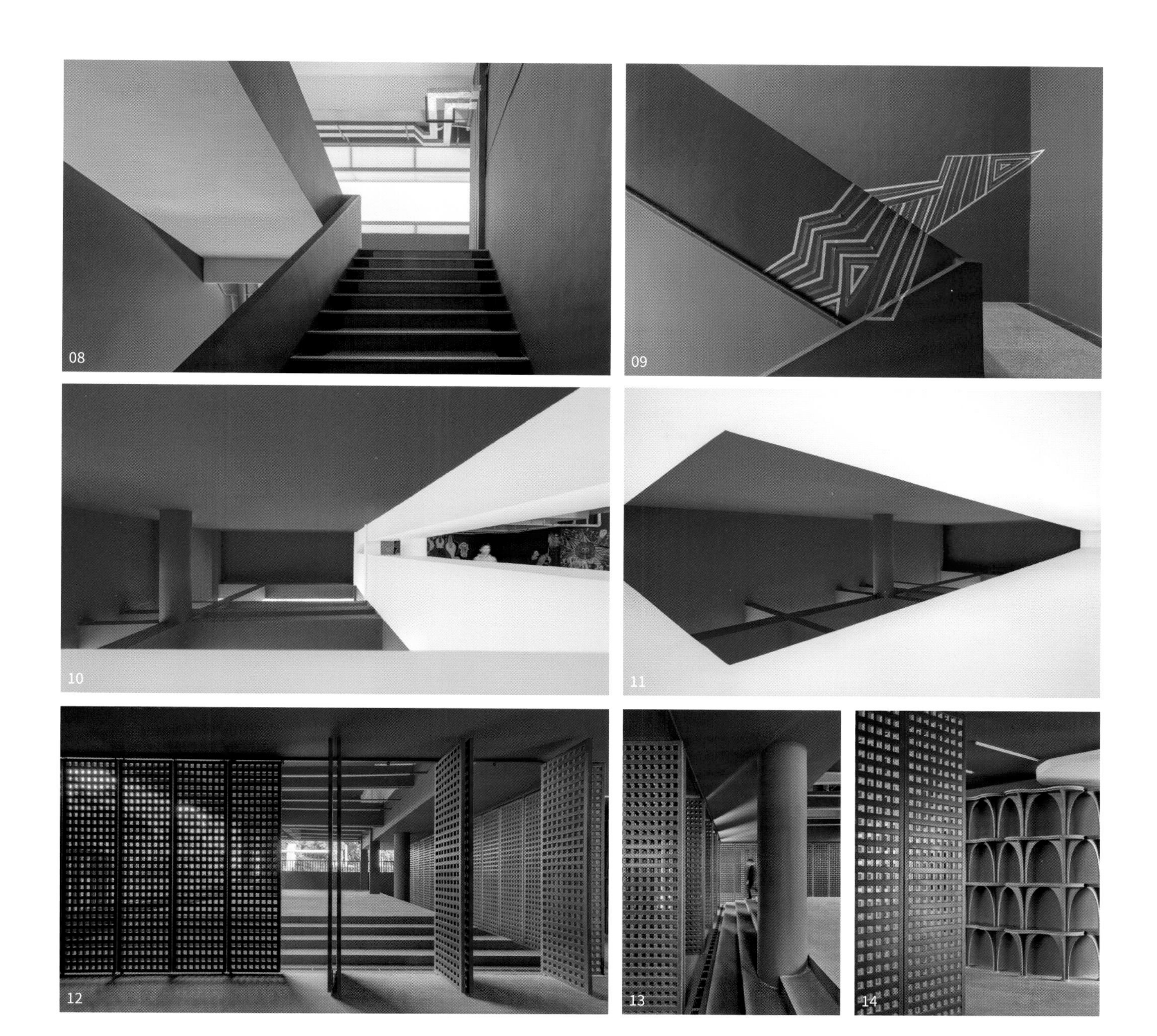

室内的蓝

毫无疑问，亮眼的蓝及透彻的白成为此所艺术高中的自身标识。项目的使用空间灵活多变，以满足新的教学需求。宽敞的流动空间成为教室的延伸，学生可对其自定义分成更小的空间。

室内空间以蓝填充，棕红色的阶梯结构勾勒出清晰的楼层上下动线。蓝色与白色在空间中碰撞，激发出更多关于颜色、色块及想象力的幻想。

公共的活动空间位于学校的入口处。因顾及平日在学校举办活动或策展时需要短暂关闭的需求，设计团队使用了传统的中轴折叠门以满足空间布局的灵活性。二层通高的高度使空间更加明亮，且方便教师从二层实时观看空间内的策展情况。

01/02/ 外部不同的景色
03/04/05/ 连接不同区域的过道
06/07/ 立面细部
08/09/ 学生于楼梯间的“创作”
10/11/ 学校公共区域
12/13/ 布局灵活的活动空间

泉州新门街蔬菜公司改造

项目名称：泉州新门街蔬菜公司改造
项目地址：福建省泉州市
建筑面积：2 098 ㎡
设计公司：Wutopia Lab（非作建筑）
摄　　影：CreatAR Images（清筑影像）

Wutopia Lab （非作建筑）受泉州古城新门文旅产业有限公司委托，将位于泉州新门街的蔬菜公司和旁边废弃的公共厕所改建成一个金色大幕下的集合联合办公空间和民宿的综合体。项目于 2019 年年中揭幕，旨在展示一种新的城市更新策略。

01/ 项目鸟瞰图

[改造前状态]

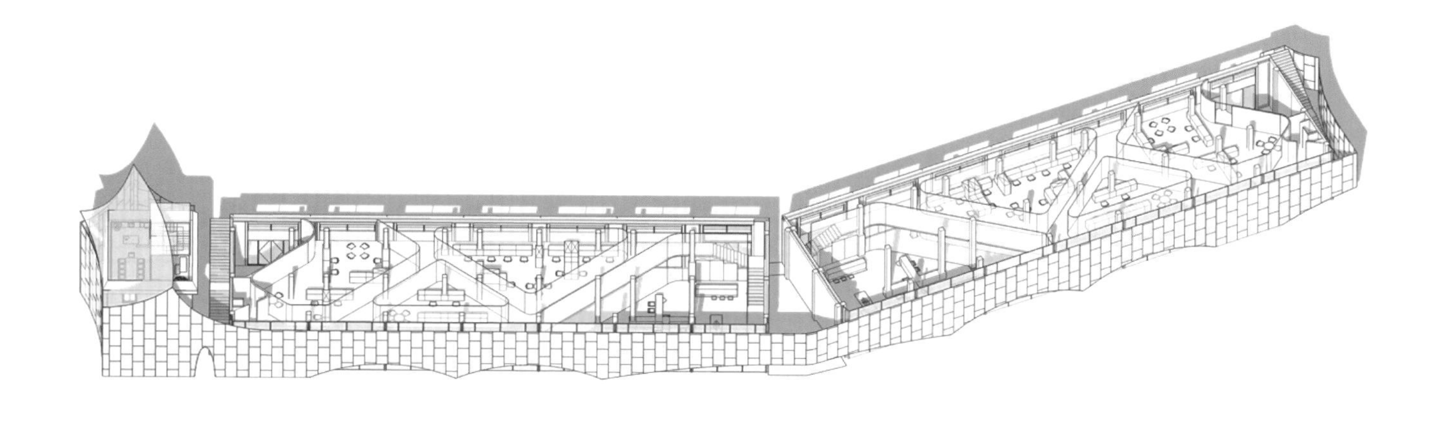

[轴测图]

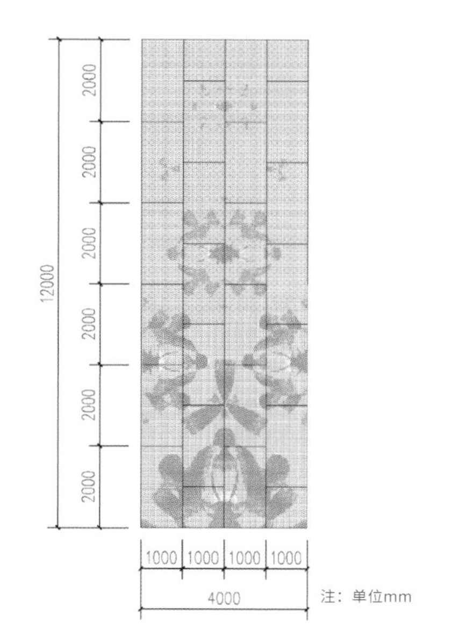

[表皮基本单元模块]

当旧城面临无法整体拆迁，无论是拆除重建变成开发用地还是居民迁出整体保留旧城风貌的策略都不成立的时候，旧城更新就不得不进入微更新局面，使可以更新的建筑或空间镶嵌在被保留的建筑和居民生活之中。如何得到原住民的理解，呼应古城文脉并有效激活这些空间，成为甲方和设计师的挑战。

作为设计师，首先要确权，明确属于设计范围的规范上的红线，避免跨越红线。其次要摸清周围原住民的心理红线，因为事实中规划红线和心理红线并不重合，原住民的心理红线往往会侵入规划红线，所以设计师要留有弹性空间应付可能发生的纠纷。

01

02

03

04

新门街的建筑特点同大多数旧城相似，零碎杂乱，各个年代的建筑都有，还有违章搭建建筑和前几年建的仿古建筑立面，但也呈现了一种丰富的街道空间肌理。本次要改建的蔬菜公司楼上目前有 72 家房客，蔬菜公司北侧和居民楼之间的空地属于蔬菜公司，但因无人管理而被周围居民用来停车和堆放杂物。

即使上面是杂乱的，但下面也可以是整齐的，设计师决定有效利用蔬菜公司和公厕长达 136 m 的连续面，用一个完整的形式将其统一起来，把改建的内容包含在内，同时使这种具有连续性和统一性的立面在零散的旧城中形成控制性的表达。

01/ 金色建筑立面

02/ 金色穿孔铝板

03/04/ 立面上的刺桐花图案

05/06/ 建筑立面夜景效果

07/ 刺桐花图案的夜景效果

08/ 入口通道

05

06

07

08

设计使用穿孔铝板作为完整形式的表达材料，但使用什么颜色让设计师有些迟疑。设计师仔细翻看了旧城的照片，发现大多数旧城的色彩都无法适应现场的氛围。直到有一天设计师看到福建隆重的婚嫁现场，才突然想到了金色。只有金色才能表达泉州曾作为远东第一港口的辉煌历史。

夜幕降临，灯光透过穿孔铝板形成犹如面纱般的半透明帷幕，泉州的市花刺桐花则悄悄绽放在这个帷幕之上。

设计师在空地铺上了黄色沥青，衔接了室内的黄色地坪，也呼应了立面的金色并明确了设计的边界。

01/04/ 穿孔铝板幕墙结构
02/ 金色穿孔铝板细部
03/05/ 夜幕下的金色穿孔铝板
06/ 室内黄色地坪通道
07/08/ 室内改造后的场景

设计方案顺利地得到政府部门和专家的认可之后，项目拖了三年才落成。设计师对居民心理红线的设定还是低了。如果没有甲方耐心地与有诸多诉求的原住民沟通，这个项目随时会被搁浅。所幸甲方的现场负责人是泉州本地人，他们深刻地意识到他们正在做一件有益于泉州的事。

2019 年 8 月，金色大幕终于在泉州拉开。它是设计师的宣言，设计师用精准的手术刀式的设计切入旧城，用简单有力的方式展示旧城在未来的可能性。同时它也是发展商的宣言，一种基于本地情感的微更新以戏剧性方式展开。它更是泉州的宣言，旧城在拆留之外还可以有第三种处理方式，即微更新梯次迭代式发展。旧城终究可以新生。

胜利市场临时安置点

项目名称：胜利市场临时安置点
项目地址：河南省濮阳市
建筑面积：2 902 ㎡
设计公司：罗宇杰工作室
摄　　影：金伟琦

原胜利市场位于城市发展最早的区域之一。历经了好几十年，满足当时人们基本生活需要的老市场现在慢慢变得脏、乱、差且交通拥堵，城市更新也迫切需要对该市场所在的老旧片区进行改造。然而各项拆、改、再建设的工作及流程比较漫长，市场所承载的人们的生活饮食则每天都不可或缺，快速建造一个满足老百姓生活需求的临时市场，在一段时间内替代原有市场，变成一项特别重要并且需马上完成的工作。

在老市场对面，有一处闲置空地待开发，可被临时租用，地块紧邻老市场，便于商户腾挪和市民采购。老市场临城市主干道，建设初期并没有考虑到现今机动车辆的普及，汽车经常在路口出现拥堵现象。临时用地依据城市道路退界，正好预留出停车区。经过退界后的用地平面呈方形。由于新用地规模远小于老市场，建设平面布局采用占满原则。

01/ 蔬菜区

[改造前状态]

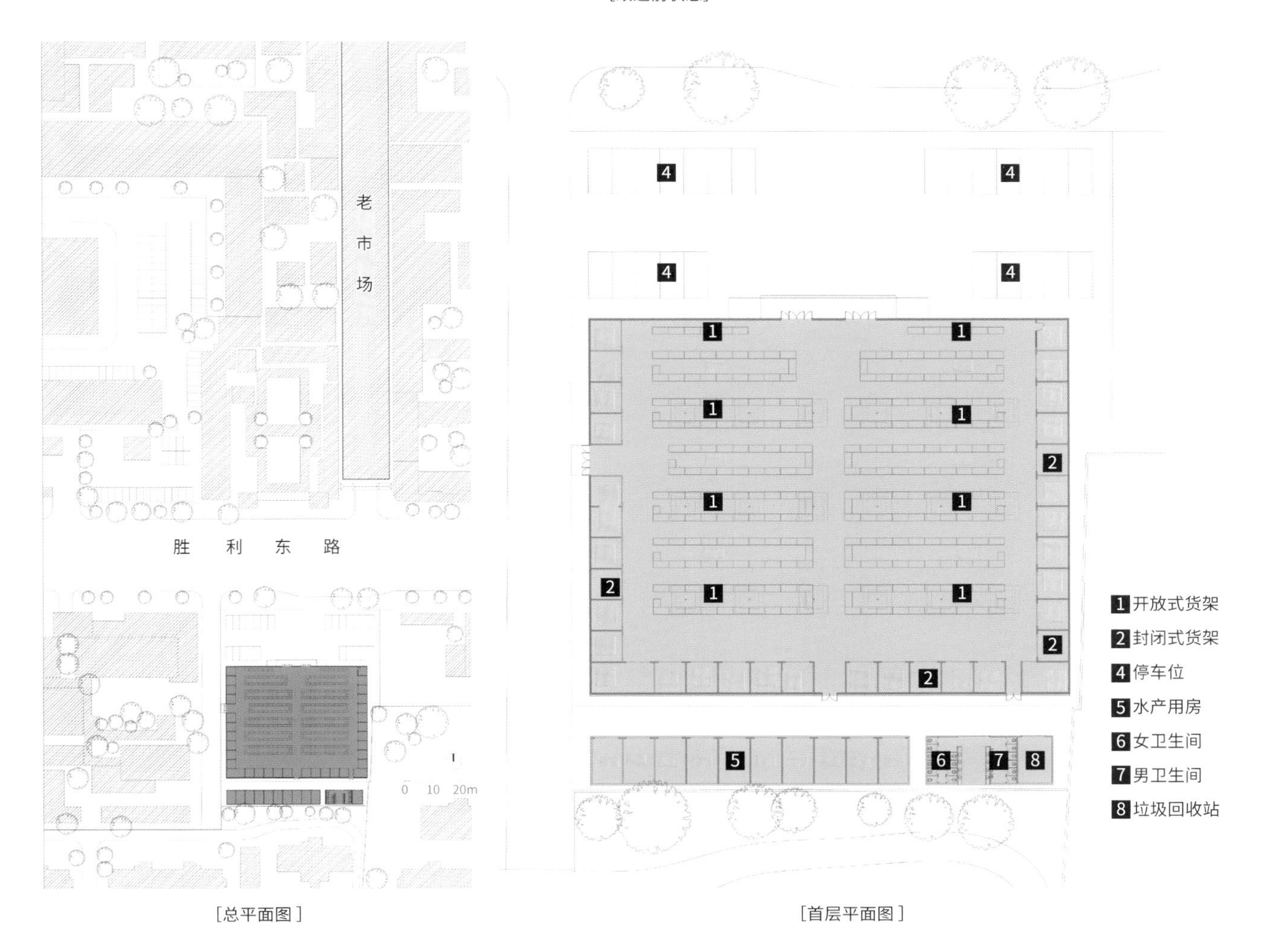

[总平面图]

[首层平面图]

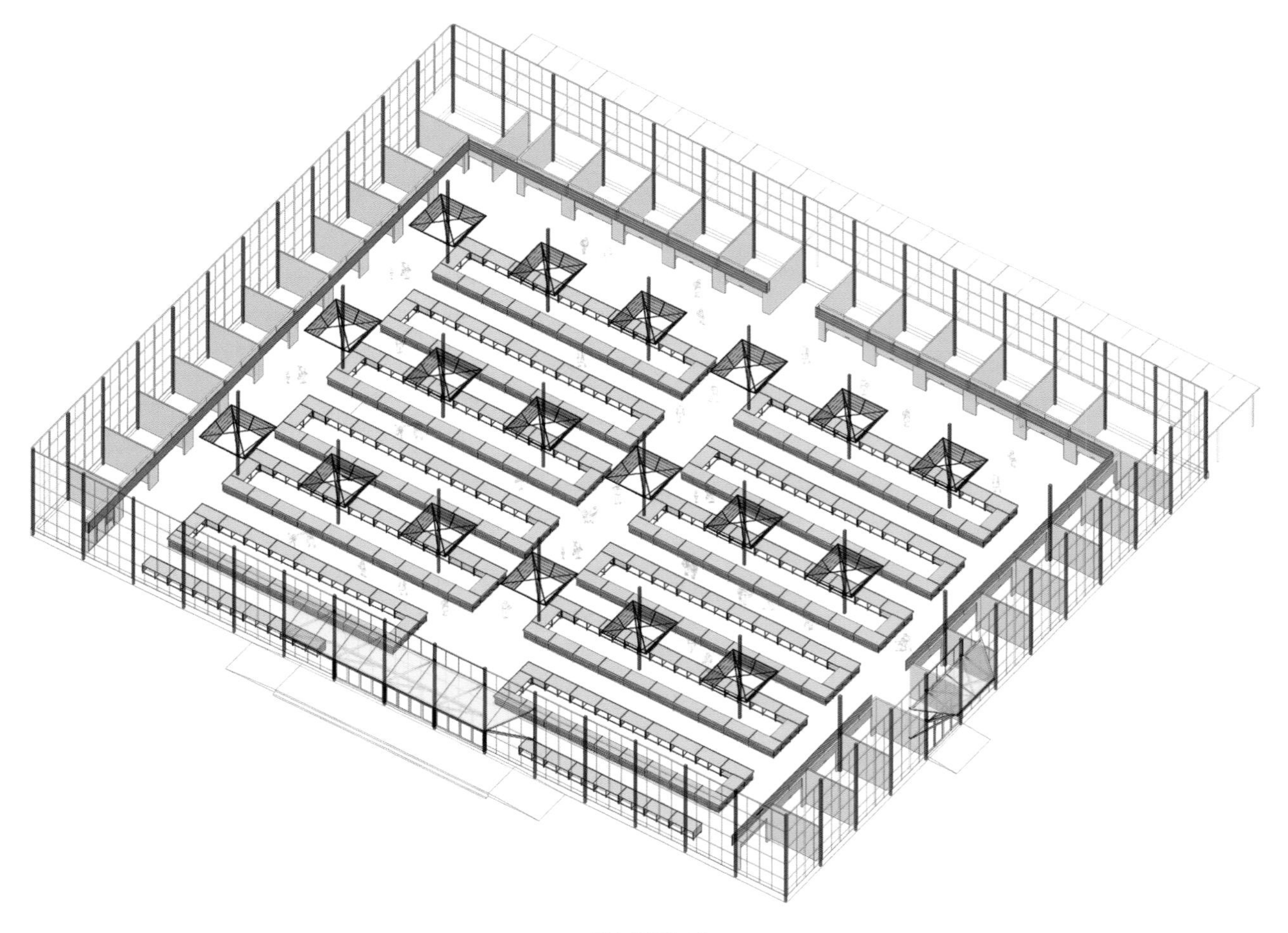

[轴测分析图]

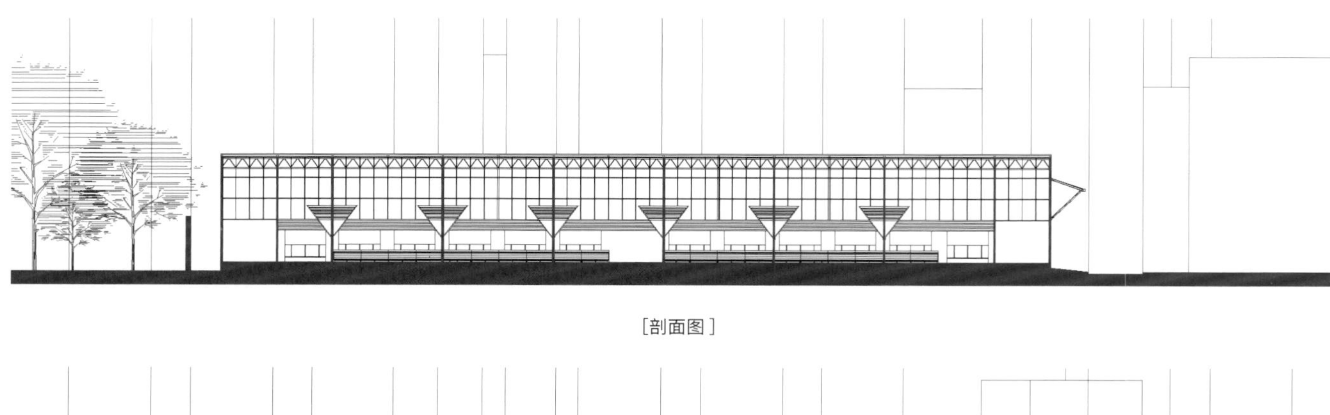

[剖面图]

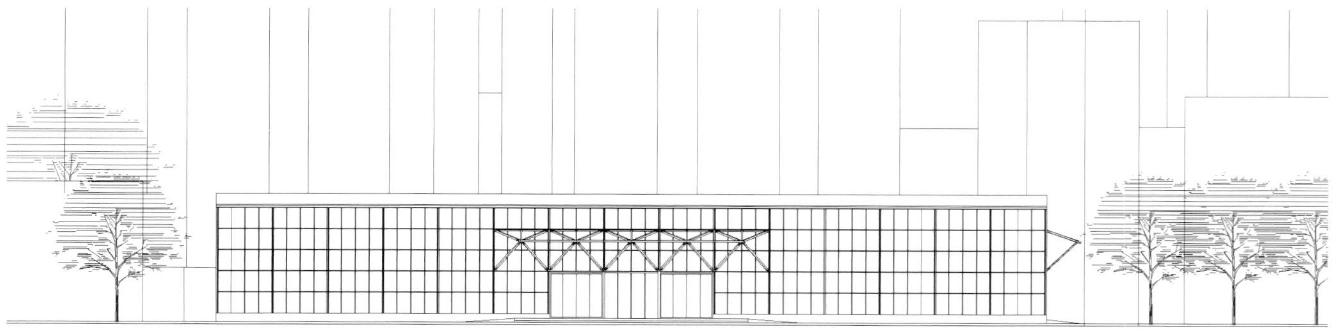

[立面图]

01/ 黄昏时的入口广场

02/03/ 入口雨棚

临时性建筑 & 可持续利用

甲方对于临时市场的诉求：建造足够快速，造价尽量低廉。设计师还希望兼顾建造的可持续性，市场临时使用期满后可以进行功能的转换和再回收利用。低造价、快速建成、满足多重空间使用在设计中被叠加考量，“方形”平面也是前置条件之一。充分工业化、超级标准套件的蔬菜大棚模式第一时间被纳入实施优选方案。它的建造部件是模块化、轻量化、可装配的，可快速建造，成本低，可获得相对大空间，还可拆除异地建设。杆件是标准件，可以回收再用。

从无序空间到场所秩序

标准的工业大棚空间是均质且无序的。常规菜市场存在的问题是标识混乱，如何通过必要的增建，在无序的空间里营造出秩序，方便贩卖管理和市民采购，是设计的第二个议题。增建必须满足两个条件：尊重和利用现有结构和构造杆件的模数，新增建造的非标准构件（再用性弱）必须造价低。

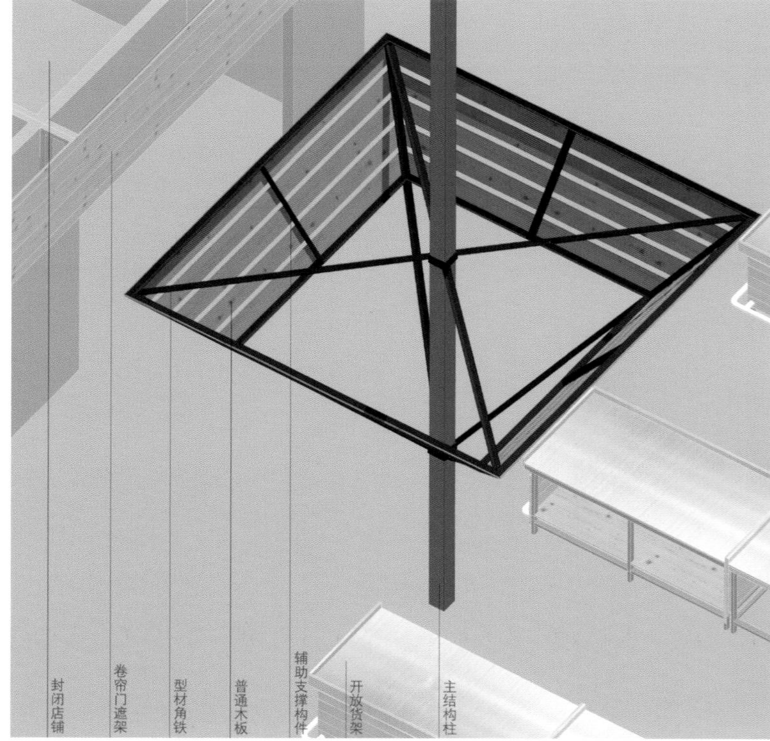

[结构柱伞架示意图]

01/ 伞柱和货架　04/ 蔬菜区
02/ 伞柱照明　05/ 标识系统
03/ 货架照明　06/ 干货调料区

[封闭式店铺遮架示意图]

本项目有 3 部分必须增建：封闭式店铺、开放式货架和入口雨棚。封闭式店铺选择三面围合环外墙设置，减少了一个墙面的封闭，结合外立面主结构杆件的构造模数，每个铺房为 4 m×4 m 的开间，封闭店铺多是售卖干货、熟食、香料等相对大规模的店，一店一名。铺门采用的是卷帘门，卷帘门的上檐口有突出卷轴，通过角钢和木板格栅进行遮蔽防护，并贯通各店做统一高度的标识招牌。

开放式货架不同于封闭店铺一人一铺，其规模小。开放式货架每个单元为 2 延米，一人可占 2 个摊位左右。无论从视觉高度上还是长度上，都不可能就着货架做标识，于是设计师结合大厅空间的结构柱，设置了伞状的倒置正四面锥体钢木架，其上既可安装市场不同分类的标牌，也可方便安装照明灯具。

01/ 02/03/ 04/ 05/ 06/ 各个售卖区

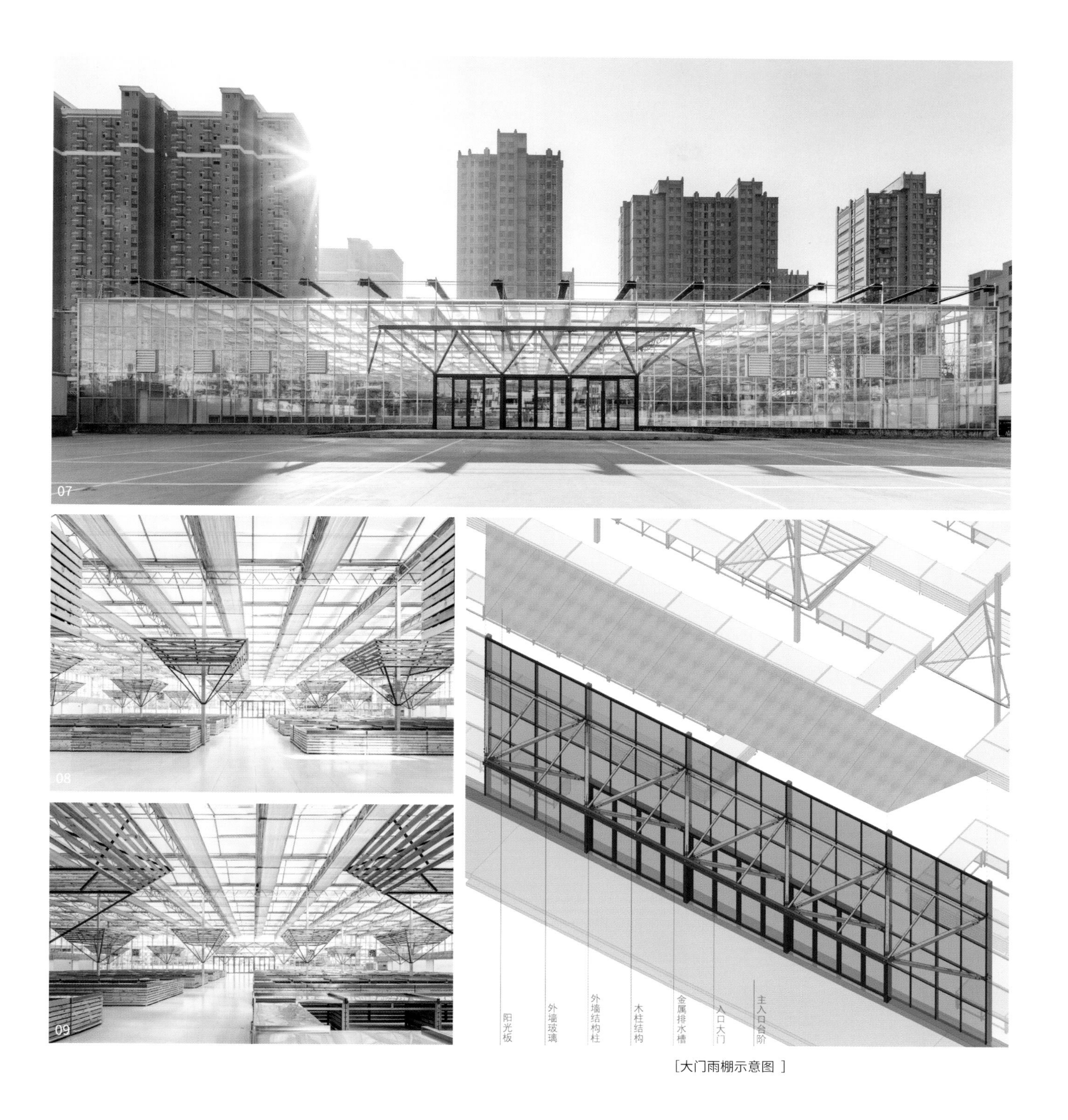

[大门雨棚示意图]

入口雨棚的增建基于纵向模块和横向窗扇玻璃的间隔，采用了相对稳固又省料的四面锥结构。增建的部分选取低价易得的材料如普通木材、轻型钢材、水泥板、成品角钢、阳光板，这些材料既方便安装，也利于建造。具有自然感、暖色的木材被设置于底部的开放货架、中部的封闭店铺檐口、上部的结构柱伞架上，营造出场所的秩序感。

07/ 入口广场

08/ 中间通道

09/ 中间货架

北京凤凰汇·里巷改造

项目名称：北京凤凰汇·里巷改造
项目地址：北京市
占地面积：12 000 ㎡
设计公司：Kokaistudios（柯凯建筑设计事务所）
摄　　影：金伟琦

受华润置地的委托，Kokaistudios 对北京凤凰汇 • 里巷（以下简称“里巷”）进行更新设计。从宏观到微观，设计采用了多样的干预方式，嵌入对人体尺度的关键性思考，以欢迎式的姿态邀请公众参与其中，全面提升了过去未被充分利用的荒芜空间。改造后的里巷流线清晰，满足了周边居民及游客的需求，成为一条专注于服务社区生活方式的公共性街道。

里巷位于北京东北部朝阳区，这里是国内城市中混合公共空间的典型代表。这类空间主要针对社区，兼具商业、居住和休闲步行等功能。以里巷为例，它包括儿童游乐区、遮阳避雨的景观雨棚、丰富的公共休闲座位，以及可举办市集、露天音乐会等户外活动的灵活空间。

[改造前状态]

尽管这里有几个核心地标（凤凰汇购物中心、三元桥地铁站和一座较长的混凝土步行天桥），但这些元素互不关联，缺乏视觉上的统一性。公共休闲座椅的缺失不仅造成了街道的空旷感，也形成了对人不友善的规模尺度。

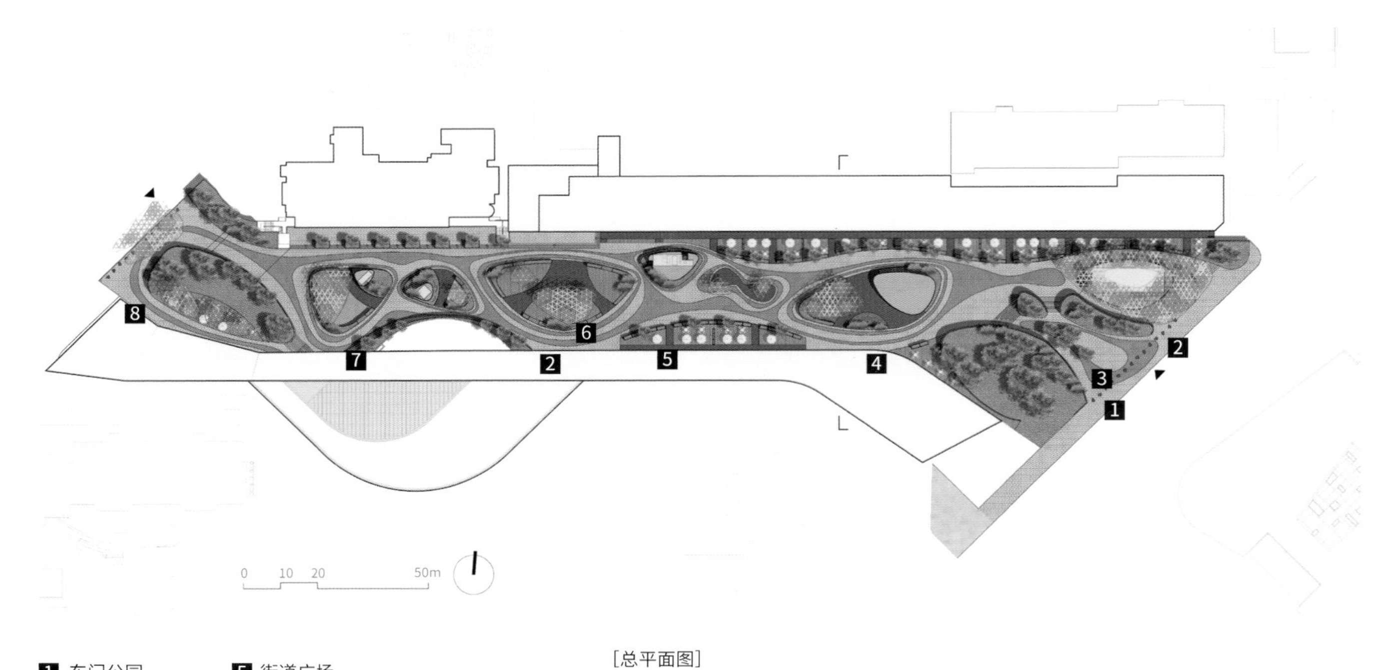

[总平面图]

1 东门公园
2 景观雨棚
3 植物组团
4 艺术空间
5 街道广场
6 剧院广场
7 儿童游乐场
8 西门公园

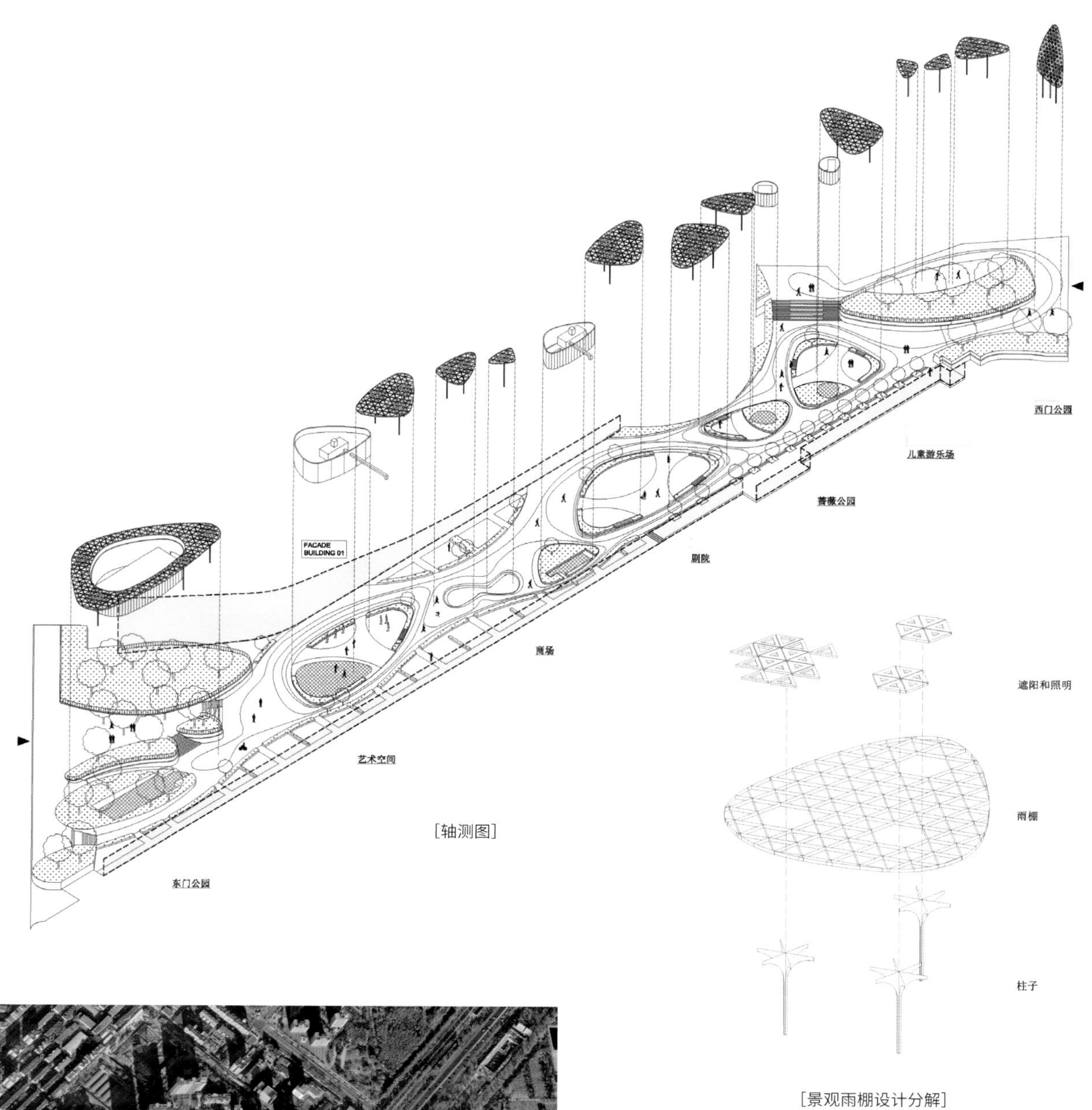

[轴测图]

[景观雨棚设计分解]

[项目位置图]

第一个设计举措就是拆除贯通里巷两端的混凝土步行天桥。这是一条步行街上非必要的冗余元素，当地居民并不喜爱它，天桥也基本没被使用过，然而它却阻碍了街道两端的视线，成为一个负面因素。拆除天桥后空间大大开放了，进一步突出了商业街缺乏特色的事实，也为后期的更新设计提供了多样的机会。

01/ 项目整体鸟瞰图

设计对该区域的景观进行了整体提升，引进了可供公众互动参与的元素。特别是整条商业街被一系列景观雨棚网络所覆盖，从视觉上破开了原本空旷的空间。这一连串的景观雨棚不仅为人们提供了欢迎式的遮阳场所，在夜幕降临时它们还可被点亮，渲染气氛的同时带来了夜视安全和保障。它们仿佛是一串相连的群岛，被设计成有着多种功能的绿洲：儿童游乐区、成簇的绿植区、公共休闲长椅……最中心的景观雨棚还是一个多功能的露天平台，在此可举办各类室外活动，也为未来里巷的拓展创造了可能性。

02/儿童活动场地

03/景观亭雨棚下的遮阳空间

04/艺术空间水景

细微的干预设计在里巷的改造中也发挥了作用。众多的定制化元素呈现了设计对细节的密切关注，于微末处提高了项目的质量。例如，雨水收集系统和网格状的金属树篦可全面保护植物根部。

01/ 台阶与步行街的融合

02/ 沿街商业的融合

03/ 亲子游乐区空间夜景

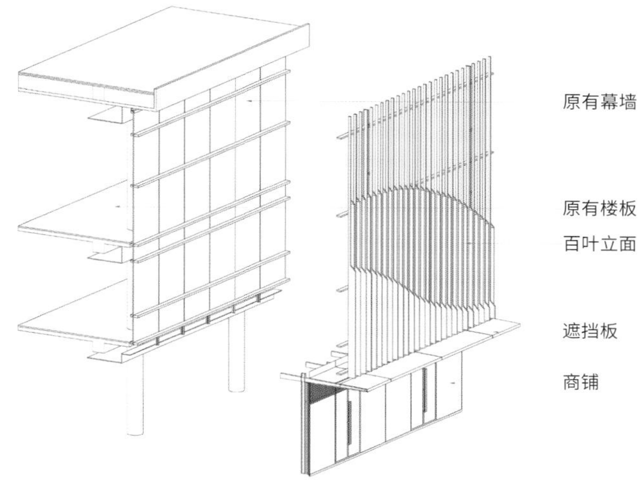

[商业建筑立面改造详图]

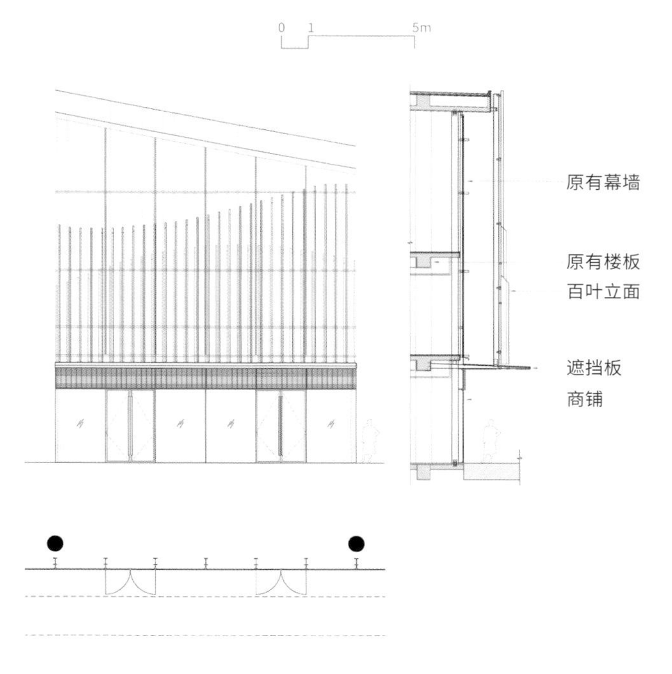

[商业建筑立面改造详图]

设计还对现有及未来商户的沿街立面进行了全面提升。例如对健身房、餐厅、私人俱乐部的沿街立面采用横向百叶的设计语言统一起来，这样在视觉上就有了更强烈的主题联系。延伸的露台是餐饮店的主要特色，周边围绕着葱郁的花圃；巧妙设置的外摆区木地板、粗粝的石材元素，以树木作衬，构成了北京中心区的一方自然空间。改造后的整体氛围令人备感惬意，更契合里巷精致的生活方式。

里巷于 2020 年改造完工，它从一个曾经未被充分利用、与周边环境脱节的荒芜地块一跃成为极具吸引力、功能丰富和配有灵活设施的多元化社交空间，这一转变提升了周边居民的生活质量，促进了该地块的经济发展。如今，这个城市更新项目以多功能的露天活动空间赢得了高端企业和社区活动的青睐，为中国公共空间设计树立了新的标杆。

04/ 艺术空间夜景

05/ 商业建筑立面特写

梦工场

项目名称：梦工场
项目地址：广东省深圳市
建筑面积：7 300 ㎡
设计公司：丘建筑设计事务所（大屿建筑 + 岚建筑）
摄　　影：郭靖、丘建筑、覃明

一、场地概况

1. 场地条件

改造前的梦工场由程宗灏主笔完成。程宗灏是最早一批踏上深圳的拓荒者，也是全国首批甲级资质设计单位之一的创始人，在深圳设计了多个具有时代记忆的公共文化建筑。位于福田区的梦工场是前辈为这座年轻城市留下的宝贵遗产。从前辈手中接过接力棒，续写梦工场的故事，这让团队充满使命感。

在这座建筑诞生之时，场地周边还是一片较为空旷的土地，如今已满 18 岁的梦工场见证了这片区域城市结构的变迁。在这片高楼林立的街区里，一座半室外的轻质屋架立于轮廓如碗般的基座上，掩映在一片繁茂的树冠里，守望着城市的街角。

梦工场的主体由扇形的主楼和三角形的配楼组成。主楼作为剧场看台，体量独立，从街角退界，在转角处形成广场。高层配楼在街角退后，整合舞台、课室、办公室等辅助用房。

改造前的主楼是一个半室外剧场，如同深圳早期的“大家乐”舞台，也像一座希腊剧场。站在看台的最高点，游客可将场地上茂盛的植被与城市景观尽收眼底。

2. 亚热带城市的场地

设计团队踏访场地时，便被深圳这座城市中的自然景观所触动。与北方街道常把行道树作为“布景”式的处理方式截然相反，在这座温暖与湿润的亚热带城市中，自然界面与人工界面缠绕、交织，共同刻画着城市空间。几年前，设计团队第一次来到这个场地，就被其中旺盛植被的生命力所震撼。它们形成致密的边界将广场围合起来，而“山石”般的梦工场便被掩映在后方。

01/ 改造前的剧场看台
02/ 看台与城市
03/ 梦工场主楼
04/ 檐下的避雨空间
05/ 夜晚广场舞场景
06/ 树木掩映下的“山石”
07/ 植被与街道界面
08/ 从马路视角看向建筑
09/ 看台与植被

3. 速生城市的场地

梦工场建成后的 18 年间，城市扩张的脚步从未停止，其周边环境也经历了变化。这座城市公共剧场跨街之隔 18 m 处便是居民社区，因演出时声音扰民遭到投诉而停止运营 5 年之久。为避免城市公共资源的浪费，政府决定立项“五座文化场馆外观提升工程”，梦工场迎来了改造的时刻。

在这个速生城市奇迹的背后，不免伴有局部规划工作滞后于建造行为、城市空间密度及属性控制出现错位等现实问题。梳理失序的整体现状是梦工场改造策略最初的切入点。

01

02

二、改造策略

1. 核心问题

本次设计面临的核心问题并非像欧洲的城市在稳定城市秩序下的建筑单体改造，而是针对城市“增量时期”遗留的问题，通过建筑单体改造重新建立场地秩序，弱化上层规划遗留的问题，在“存量阶段”的城市空间里，让建筑与空间和谐共生。因此，项目需要改造的不仅仅是建筑单体，还有与建筑单体接驳的城市空间。

2. 城市敞廊

改造前，主、次建筑之间的台阶将人流从广场引导至半室外看台，看台空间成为公共广场的延伸。原本从城市广场直接进入剧场看台的组织方式已不再成立，本次设计需要对城市与剧场公共界面的层级进行重新梳理。

03

04

01/ 梦工场与周边建筑俯瞰图
02/ 跨街之隔的居民区
03/04/ 主配楼之间的大台阶
05/ 城市敞廊
06/ 内化的城市空间

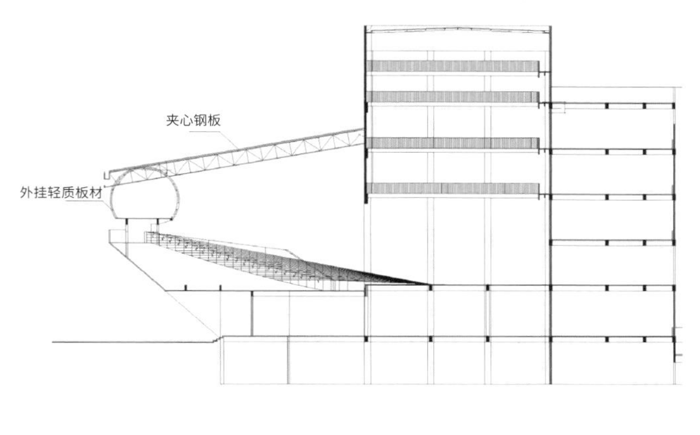

［改造前的剖面图］

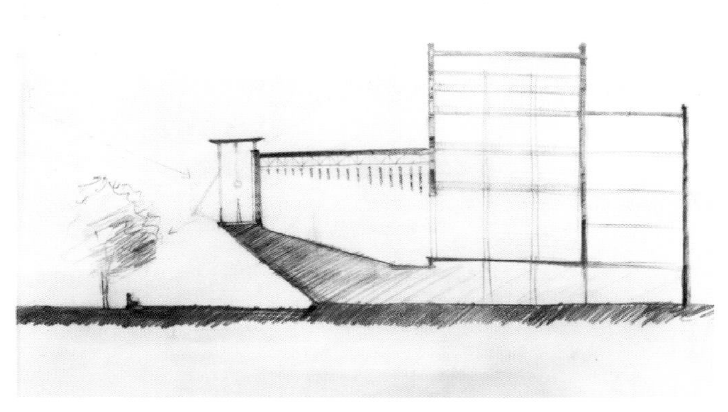

［剖面草图］

改造前梦工场对城市“慷慨”的态度让团队联想到柏林国家美术馆的设计策略。建筑单体以面向广场的城市敞廊，将城市空间内化并延伸至二层平台，准确控制流线与视看关系，让城市本身也变为美术馆“收藏品”的一部分。

改造从剖面开始，原本最低点仅 4 m 净高的看台空间已无法满足当代剧场对声光电的专业需求。团队在抬高屋面净高的同时，在城市空间与建筑界面之间营造连续的、有空间进深的城市敞廊，在广场和建筑之间建立起一组舞台与看台般的城市空间的观演关系。

13 m 高的公共敞廊作为组织人流进入剧场的必要空间，也是城市空间的延伸：敞廊与两侧大台阶贯通，延伸至广场，在城市中塑造出立体的环形公共流线，也让建筑在与城市公共资源的整合中放大了自身的价值。

敞廊 9.3 m 标高处原本是看台的最高点。游客站在这里，视线向浓密的树冠展开，在敞廊夸张的尺度里，可感受充满戏剧感的城市空间。

敞廊的屋面高于建筑主体。13 m 高的柱列沿建筑主体的扇形轮廓展开，“站立”在坚实的基座上，同时，柱子纤细的尺度减轻了建筑对居民楼的压迫感，在树木掩映的景观中诉说着建筑与“自然”的关联。

下部基座轮廓如碗体，让建筑“山石”般的特点被放大；上部敞廊与基座相互呼应。项目整体犹如山体及其上的廊亭，成为独特的风景。

三、建筑语言——城市中的人工与“自然”

1. 敏感的金属幕墙——多重属性的界面设计

在设计之初，建筑上部外立面以玻璃砖为主，让剧场在夜间犹如朦胧发光的灯笼，但这样会使服务于青年人群的当代剧场变得像服务城市贵族的“梦宫殿”。加之这种做法会在碗状基础结构上增加过大荷载，设计团队调整了方案，设计了一套金属幕墙系统。竖向的幕墙构件和穿孔不锈钢板共同编织成一层金属“皮肤”。不锈钢板被压弯成弧形，实现了独特的光影效果。在外观上，银灰色的金属幕墙也赋予了梦工场作为当代实验剧场的青年特质。

远观，金属板在敞廊柱列和幕墙龙骨的配合下，使主楼给人以坚实之感；近看，带有孔洞的金属板材与具有一定密度的竖向龙骨一起编织成镂空的图案，在茂密的树冠中若隐若现。金属幕墙上 9 m 高贯通上下的竖向龙骨在底部以一道连续的水平檐口结束，使得平面化的金属幕墙好似漂浮在基座上的“物体”。2.8 m 高的连续檐口在敞廊里创造出一处檐下空间，引导剧场人流的走向。

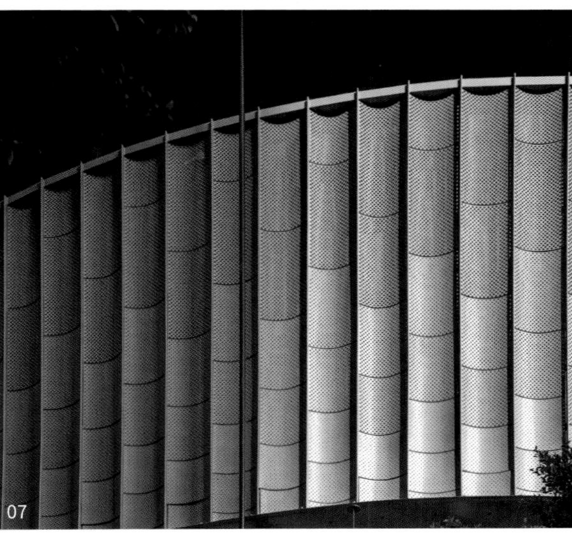

01/02/ 黄昏下的建筑

03/ 檐下空间效果图

04/ 幕墙与景观

05/ 从马路视角看向建筑

06/07/ 幕墙细节

08/ 远眺敞廊

01

02

03

2. 沉默的配楼

主楼与配楼在城市中一凸一平的关系让主楼成为“表演者”，配楼退为背景。“沉默的表情”是配楼的设计主调。

改造前的配楼外立面采用真石漆材料，其过于醒目的分缝处显得很不协调。改造后，配楼采用颗粒状涂料，通过水平向构造缝刻画出层层向上的形象，让配楼与碗体使建筑犹如沉默的 " 山石 "。

改造前的配楼北立面有几道长度不一的水平开口，在原本的曲线界面上勾画出梯形图案，这些过于“活跃”的几何元素让本应作为背景的配楼“喧宾夺主”。在开口尺寸无法改变的情况下，团队通过立面出挑的曲线檐口和涂料的深浅变化，梳理界面层级，重新建立秩序，弱化原本不规整的几何图案。水平向拉开的檐口形成配楼与街道、配楼与主楼之间的透视夹角，而扁平化的配楼立面也出现了浮雕般的效果。

配楼北立面原本被玻璃幕墙封闭，后侧的中庭是采光的静态空间。改造后，中庭成为配楼入口，与放大的后广场建立联系，并与花池、敞廊形成对照。

01/ 改造前配楼以真石漆覆层

02/ 改造前配楼与主楼的关系

03/ 改造后的配楼

04/05/06/07/ 改造后配楼与主楼的关系

08/ 改造前的中庭

09/ 改造后的中庭

10/ 通风孔隙

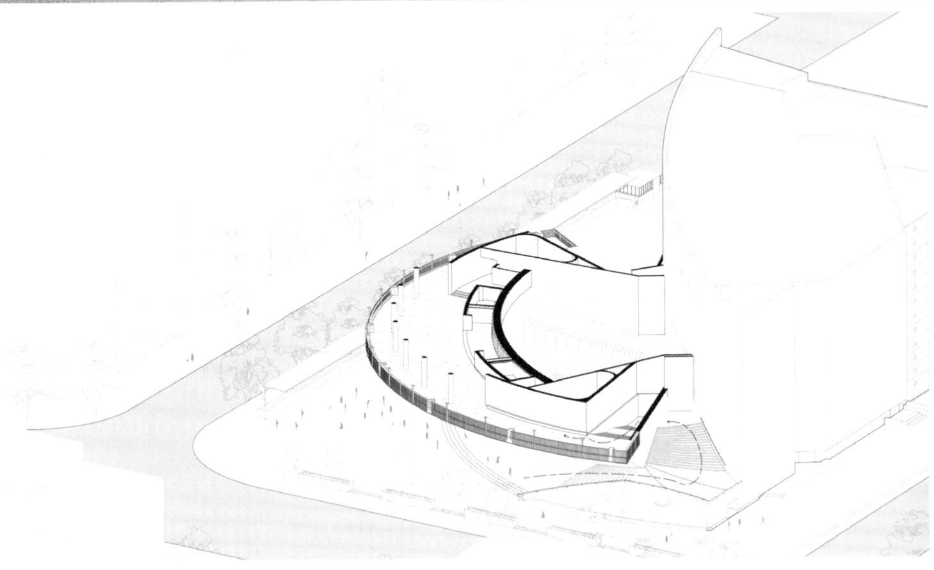

[攀登空间系列]

01/02/ 开放界面效果图与施工过程图

03/ 曲线山墙

3. 由外至内的场地设计——城市中的物体与界面

梦工场非正交的体量关系无法清晰划分出地面与建筑的界线，在城市空间中，其如从地面生长出的一组“物体”，带有强烈的景观属性。团队试图尊重此特性，利用场地设计的机会，重新梳理这些“物体”与城市界面的关系。

界面的复杂性因碗体与配楼的关系产生。站在广场上看向东侧，碗体轮廓与配楼的曲线轮廓、三角形台阶山墙相接，复杂连续界面的褶皱、拉伸、扭转无法用“笛卡尔坐标系”描述。

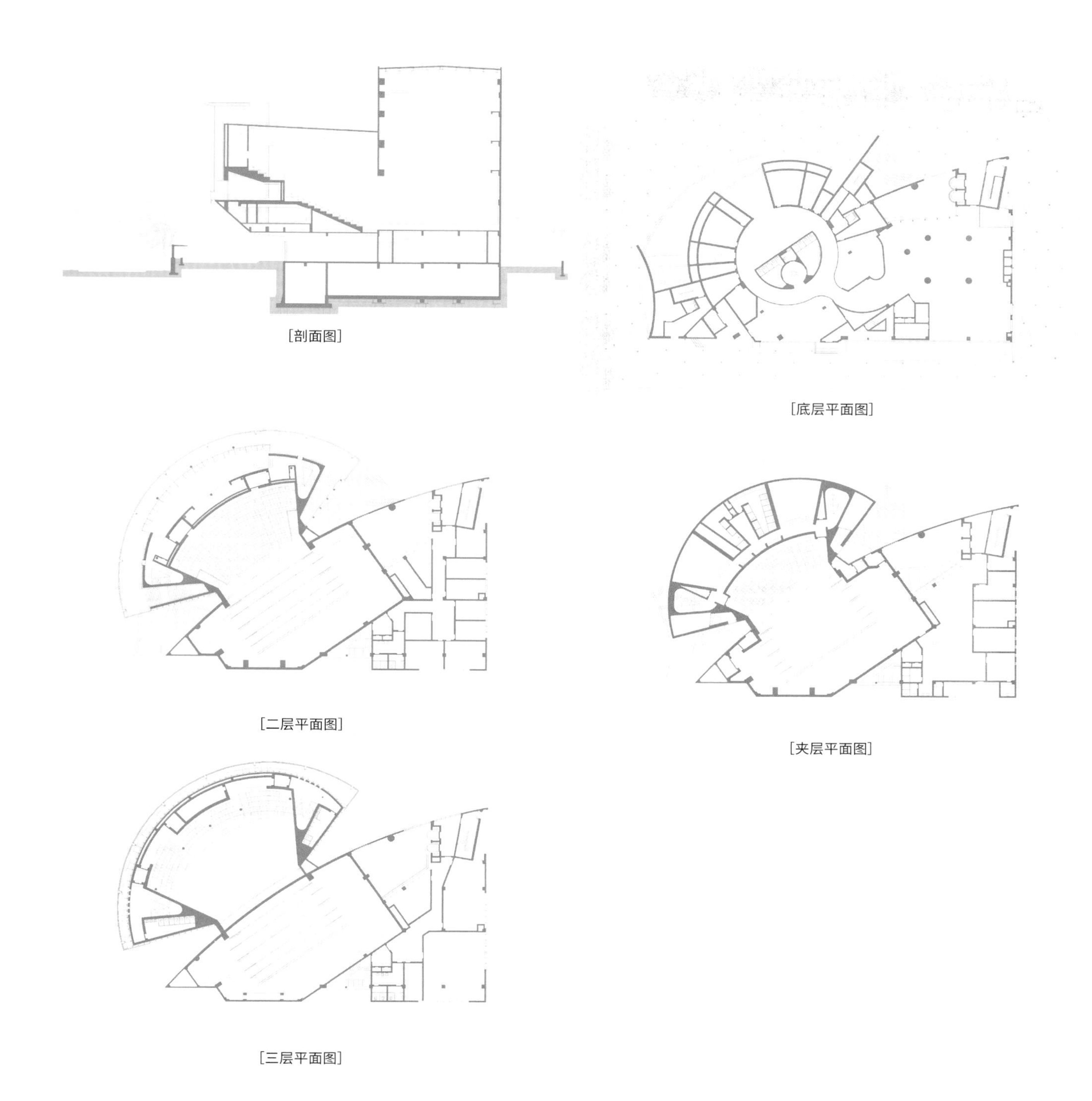

［剖面图］

［底层平面图］

［二层平面图］

［夹层平面图］

［三层平面图］

多轮试错后，团队最终选择在广场边界一侧整理花池界面并加建水平长廊。在纵深向的空间中，线性的长廊以简洁的形象与褶皱的表面形成对比，犹如园林中廊与假山的“对仗”。

团队清理掉用来定义广场边界的花池，同时，通过大台阶轴线角度的转向，使原本直接通往人行道的剧场大台阶与广场建立起流线关系。此外，台阶的第一跑体量与碗体连接在一起，使得孤立的碗体在城市底层空间转变为相对开放的城市界面。

改造后的大台阶强化了剧场流线与广场的关系，也在“碗体”与街道之间建立起一道新的边界。大台阶的曲线轮廓在外侧街道界面塑造出一处有空间深度的山墙，在花池座椅的配合下，在城市界面显得更为友好。

大台阶沿广场蜿蜒而上，曲线山墙在内侧与“碗体”轮廓配合，游客拾级而上，抵达 9.3 m 高的城市敞廊，体验登山的感觉，通过打开的旋转门来到剧场的前厅空间。不同平台标高的视线引导也强化了建筑与城市空间的观演关系。

在具有曲线边界的非正交空间里，团队借助“碗体”式的几何设计策略梳理平面空间的几何关系，避免“剩余空间”的出现。

01/ 施工过程图——山墙背后的直跑楼梯
02/ 施工过程图——9.3 m 高敞廊标高视线
03/ 施工过程图——向城市敞开的前厅
04/07/ 楼梯厅效果图
05/ 改造前未使用的夹层空间
06/ 夹层空间效果图
08/ 前厅效果图
09/ 观众厅效果图
10/ 柱跨内的次级比例关系
11/ 穿孔不锈钢板材料样品
12/ 改造后城市转角的视点
13/ 银杏叶状地面铺装图案
14/ 幕墙施工过程

四、构造设计——构造与城市意图联动

在半室外的敞廊，下雨时雨水被引导至“碗体”边缘连续的排水沟。设计团队借此次设计机会，对栏杆与灯具杆件进行整合。所有竖向构件均被固定在 400 mm 高的横向排水沟前方，这使得主楼在城市转角的视点上显得更为挺拔。

在敞廊的柱跨单元里，灯具杆件和栏杆构件与“柱础”的弧形金属型材相连，营造出中跨放大、边跨收紧的效果。灯具杆件、栏杆和横向水沟勾勒出一道建筑的“腰线”，沿着圆形的建筑轮廓在街角展开，体现出节奏变化。

幕墙不锈钢板拉伸和交错的铺设方式在界面上体现出垂挂感，突出了金属“物体”的漂浮感。银杏叶状的特殊图案在幕墙与铺地的细部中反复出现。

10 11 12 13 14

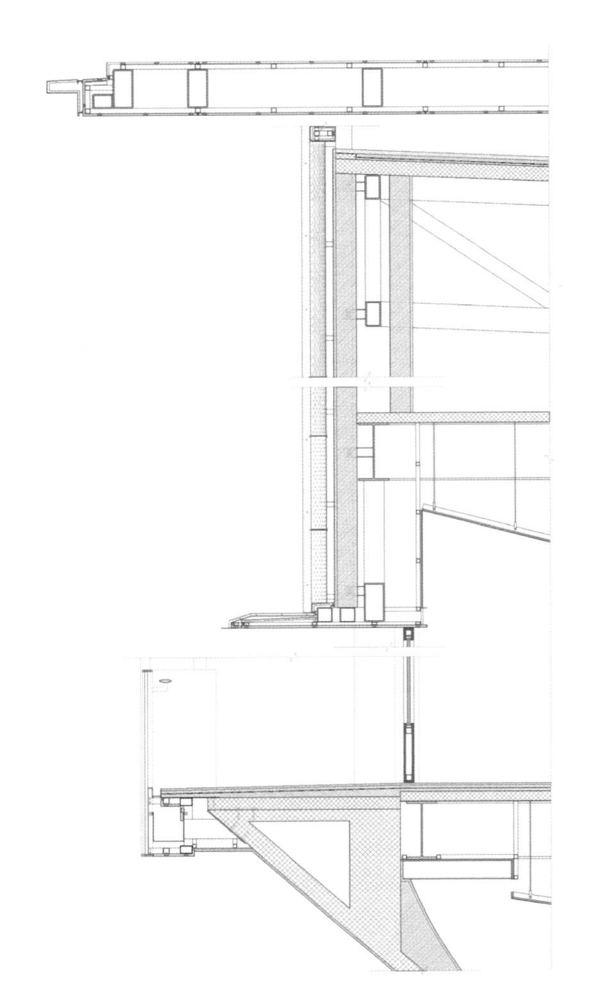

[敞廊墙身构造]

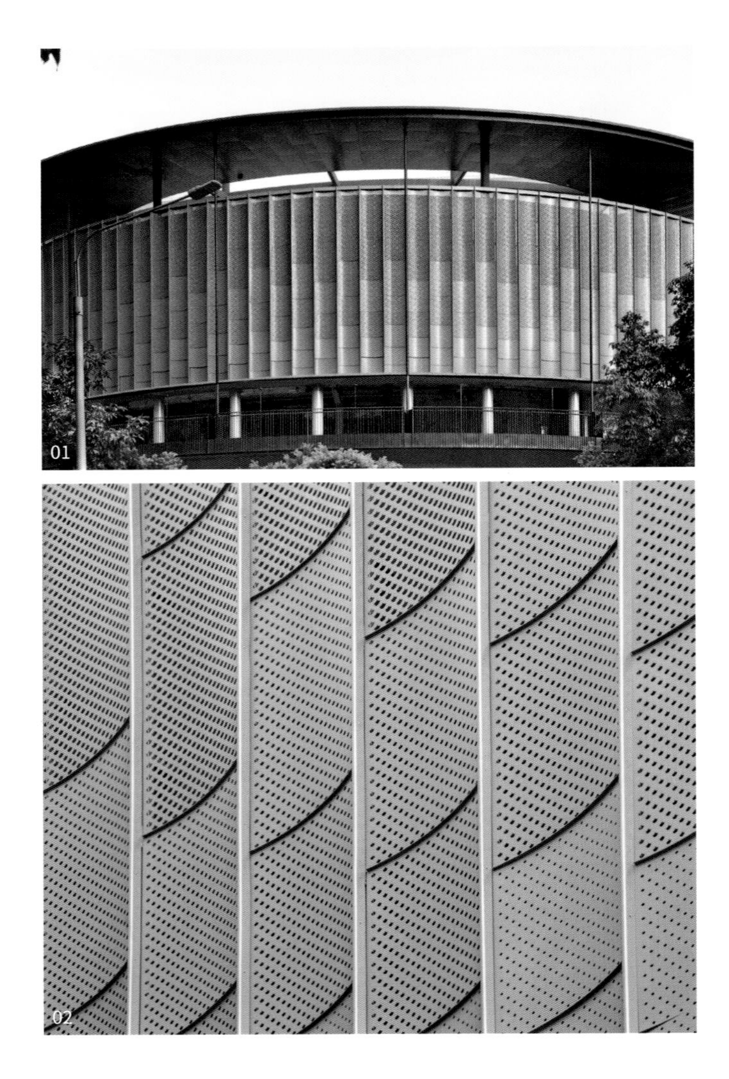

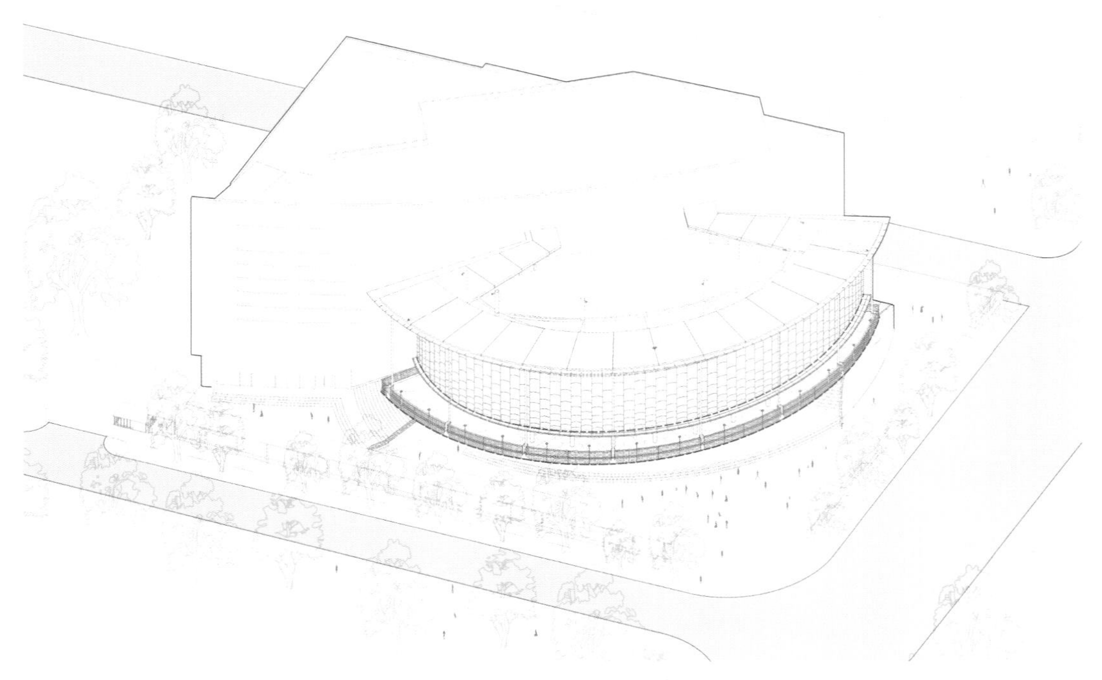

[金属幕墙轮廓的收分示意图]

五、巴洛克化

梦工场结构的复杂性也带来外部空间关系的复杂性，设计团队需要借助一定的设计手法，对空间进行重新梳理。

从街角望去，金属幕墙顶部的收边弧线高于其背后的墙体。这两条面向街角的轮廓线被处理为一高一低、互不平行的曲线，在街角方向贴近，又在两侧街道方向分离。金属幕墙的顶部形成一道渐变的“皇冠”。

幕墙在剧场主要人流进入的西侧方向贴近“碗体”边缘随弧形轮廓向东侧逐渐内收，远离“碗体”边缘，从而形成空间的收放。

沿着曲线轮廓，13 m 高敞廊与 2.8 m 高檐口的关系不断变化。改造后的梦工场也在巴洛克般“微表情”的帮助下，完成从一座“城市纪念物”到“城市建筑”的蜕变。

01/ 灯具杆件、栏杆、水沟的构造组

02/ 银杏叶状穿孔图案

03/04/05/ 渐变的城市“皇冠”